8° S
6104

AF317326

NOTIONS
D'AGRICULTURE
ET D'HORTICULTURE

A L'USAGE

du Cours moyen et du Cours supérieur
des écoles primaires

PAR

E. PAMART

PROFESSEUR D'AGRICULTURE ET DE SCIENCES NATURELLES
A L'ÉCOLE NORMALE DE DOUAI
OFFICIER D'ACADÉMIE

———

OUVRAGE RÉDIGÉ

conformément au programme adopté par le Conseil départemental
de l'enseignement primaire du Nord.

PARIS

G. MASSON, ÉDITEUR

120, Boulevard Saint-Germain, en face de l'École de Médecine

Tous droits réservés.

NOTIONS
D'AGRICULTURE
ET D'HORTICULTURE

A L'USAGE

du Cours moyen et du Cours supérieur
des écoles primaires

PAR

E. PAMART

PROFESSEUR D'AGRICULTURE ET DE SCIENCES NATURELLES
A L'ÉCOLE NORMALE DE DOUAI
OFFICIER D'ACADÉMIE

OUVRAGE RÉDIGÉ

conformément au programme adopté par le Conseil départemental
de l'enseignement primaire du Nord.

PARIS
G. MASSON, ÉDITEUR
20, Boulevard Saint-Germain, en face de l'École de Médecine

Tous droits réservés.

A LA MÊME LIBRAIRIE

EXTRAIT DU CATALOGUE AGRICOLE

Le Livre de la Ferme et des Maisons de campagne, publié sous la direction de M. P. Joigneaux, par une réunion d'agronomes. 4ᵉ édition, entièrement refondue. 2 volumes grand in-8, avec 2,690 figures dans le texte.......................... 32 fr.
Reliure demi-chagrin, plats toile........................ 40 fr.

L'art de greffer les arbres, arbrisseaux et arbustes fruitiers, forestiers, etc., par M. Ch. Baltet, horticulteur à Troyes. 4ᵉ édition, entièrement revue et augmentée, comprenant notamment la restauration des arbres et le *rétablissement de la vigne par la greffe*. 1 vol. in-12, avec 175 figures................ 4 fr.

Traité de la culture fruitière, commerciale et bourgeoise, par M. Ch. Baltet, horticulteur à Troyes. 1 volume in-18, avec 350 figures.. 6 fr.

Traité de la culture potagère (petite et grande culture), par J. Dybowski, maître de conférences d'horticulture à l'école nationale d'agriculture de Grignon. 1 vol. in-18, avec 114 fig. dans le texte... 5 fr.

Traité élémentaire d'agriculture, par J. Girardin, membre correspondant de l'Institut, et D. Durreuil, chargé de cours au Conservatoire des Arts et Métiers. 4ᵉ édit. 2 vol. in-18, avec fig... 16 fr.

Instruction élémentaire sur la conduite des arbres fruitiers. Greffe, taille, restauration des arbres mal taillés ou épuisés par la vieillesse. Culture, récolte et conservation des fruits, par M. A. Du Breuil. 11ᵉ édition. 1 vol. in-18 avec 207 fig... 2 fr. 50

Le propriétaire devant sa ferme délaissée. Conférences données à Bruxelles pendant le mois de décembre 1883, par Georges Ville. 3ᵉ édition. 1 vol. in-18, avec figures...................... 2 fr.

La Culture selon la science, échos du Champ d'expériences de Vincennes, par Henri Blondeau. 1 vol. in-18.................. 2 fr.

Dans les champs. Lectures pour les écoles rurales, par Henry Sagnier. 1 vol. in-18, avec 33 figures dans le texte....... 1 fr. 25

Les Engrais, par le Dʳ Em. Wolff, traduit d'après la 10ᵉ édition allemande, par Ad. Damseaux. Nouvelle édition, considérablement augmentée. 1 vol. in-18............................... 3 fr. 50

L'alimentation des animaux domestiques, par le Dʳ Em. Wolff, traduit d'après la 5ᵉ édition allemande, par A. Damseaux. Nouvelle édition, revue et augmentée. 1 vol. in-18.......... 3 fr. 50

Journal de l'agriculture, de la ferme et des maisons de campagne, de l'économie rurale et de l'horticulture, fondé par M. J.-A. Barral. Rédacteur en chef : Henry Sagnier.

Prix de l'abonnement annuel :
Paris et Départements. 20 fr. | Union postale......... 22 fr.

TABLE DES MATIÈRES

RÉPARTIES PAR MOIS CONFORMÉMENT AU PROGRAMME

OCTOBRE

NOVEMBRE

DÉCEMBRE

JANVIER

FÉVRIER

Voir à la fin du volume la table méthodique des matières.

NOTIONS

D'AGRICULTURE

ET D'HORTICULTURE

PRÉFACE

Ce cours d'Agriculture est rédigé conformément au programme adopté par le Conseil départemental de l'Enseignement primaire du Nord, dans sa séance du 28 mars 1888.

L'agriculture est déjà perfectionnée dans la région du nord de la France ; les terres y sont riches et les cultivateurs n'y manquent pas de soin ; mais la propriété et la main-d'œuvre s'y trouvent d'un prix élevé, et l'agriculteur a besoin, pour faire ses affaires, de récolter abondamment. Il y a dès lors tout avantage pour lui à connaître les meilleurs procédés de culture.

Si le cultivateur sait labourer, semer, etc., en un mot fort bien exécuter tous les travaux des champs, en temps opportun et souvent de la manière la plus convenable, on trouve cependant bien des questions agricoles

8

qui demandent, pour être comprises, des éléments de sciences qu'il ignorait autrefois. C'est donc avec raison qu'on a introduit dans l'enseignement primaire des notions de sciences physiques et naturelles qui permettent, par exemple, d'étudier le rôle de l'azote dans la végétation et les principes utiles contenus dans les engrais; de faire un choix judicieux de ces engrais selon les plantes à cultiver, etc. Par l'étude, même sommaire, de ces questions, l'enseignement de l'agriculture pourra amener de nouveaux progrès.

Nous résumerons donc rapidement les points sur lesquels nos élèves n'auront, pour s'éclairer, qu'à regarder ce qui se pratique tous les jours autour d'eux, mais nous insisterons davantage sur les notions qui font généralement défaut. Il faut apprendre à nos futurs cultivateurs, non pas ce que tout le monde sait déjà, mais ce qu'ils doivent savoir pour réussir dans la profession à laquelle ils sont destinés.

Certaines parties du cours, telles que l'énumération des variétés à cultiver, sont développées d'une manière assez complète; leur étude n'est pas indispensable à l'école, mais elles fournissent à la pratique agricole des renseignements précieux que nos élèves apprécieront plus tard.

Nous devons, d'après le programme, parler des diverses opérations agricoles au moment où on les effectue dans les champs. De cette manière les enfants peuvent observer immédiatement les faits exposés et s'intéresser davantage aux leçons. Mais cette répartition nous oblige quelquefois à parler de terrain, d'engrais, etc., avant d'en avoir fait l'étude. Ceci ne nous paraît qu'un petit inconvénient largement compensé par les avantages dont nous avons parlé plus haut.

Les travaux pratiques du jardin s'exécutent principalement en été ; aussi, en cette saison, les programmes sont-ils moins chargés qu'en hiver.

Pour étudier la culture des plantes, nous présenterons d'abord les points les plus importants, et nous renverrons, pour les connaissances usuelles, à des tableaux synoptiques. Ces tableaux présenteront, croyons-nous, divers avantages. Les différentes parties de la culture d'une plante étant données dans un ordre logique, le même pour tout le tableau, cette disposition est propre à faciliter les comparaisons entre les cultures similaires, et peut permettre de trouver rapidement toute espèce de renseignements.

Nous croyons utile d'ajouter que l'intervention personnelle du maître est indispensable pour que l'enseignement donné, à l'aide de ce livre, soit profitable aux élèves, soit qu'il s'agisse d'explications de mots dont le sens pourrait leur échapper, soit qu'il faille leur présenter sous diverses formes les questions les plus difficiles. Grâce aux petites expériences qui seront faites devant eux et aux échantillons de graines, de plantes, d'engrais, etc., qu'on mettra entre leurs mains, les leçons du maître auront toujours un caractère pratique.

Ainsi compris, l'enseignement de l'agriculture dans les écoles primaires peut être très profitable. Nos jeunes élèves devenus cultivateurs réfléchiront et chercheront à se rendre compte des faits ; s'ils ne peuvent pas les expliquer tous par la science, ils n'essayeront plus du moins de recourir pour le faire aux préjugés et à la routine.

C'est pour aider nos collègues dans cette besogne, et pour répondre au vœu exprimé par M. le Directeur départemental de l'Enseignement primaire du Nord, que nous avons fait ce petit manuel, trop heureux si nous avons pu nous rendre utile aux instituteurs et aux élèves, non seulement de notre région, mais à tous ceux qui veulent voir se développer un enseignement si nécessaire.

E. P.

OCTOBRE

AGRICULTURE (1). — *Définition et importance de l'agriculture. Qualités nécessaires au cultivateur.* — *Notions sommaires sur la culture spéciale des plantes qui font l'objet de l'agriculture dans le département; variétés à recommander :* Blé. — Seigle. — Orge. — Vesce d'hiver. — Maladies des plantes, des céréales en particulier, moyens préservatifs. — Rendement des blés suivant leur espèce.

Description et usages des instruments et des machines agricoles. — Instruments aratoires divers : *charrue simple ou araire.* — Charrue à avant-train. — Brabant double. — Charrue fouilleuse. — Charrues polysocs. — *Extirpateur.* — *Herses.* — *Rouleaux.* — *Semoirs.* — *Houe.* — *Houe à cheval.* — *Buttoir.* — Notions sur la sucrerie et la distillerie.

HORTICULTURE. — Mâches. — Asperges.

AGRICULTURE

Définitions. — L'Agriculture est l'art de cultiver la terre. Cultiver la terre, c'est lui faire produire économiquement les plantes utiles à l'homme et aux animaux domestiques.

L'agriculture comprend encore l'élevage des animaux domestiques.

Tout homme qui cultive les champs peut être appelé *cultivateur*; mais dans notre pays, on désigne plus spécialement sous ce nom celui qui est à la tête d'une exploitation agricole.

L'*éleveur* s'occupe de la production des animaux domestiques.

Le *fermier* est le cultivateur qui prend à bail une exploitation agricole.

(1) La partie de l'Agriculture imprimée en caractères italiques, et toute l'horticulture, constituent le programme des filles.

Le *métayer* exploite un domaine dont il partage les produits avec le propriétaire.

On appelle *agronomes* les savants qui traitent de l'agriculture théorique.

Importance de l'agriculture. — L'agriculture est la nourrice du genre humain ; elle nous donne le pain, le vin, la viande, les fruits, etc. C'est elle aussi qui fournit les matières premières aux industries les plus utiles : le lin, le chanvre, la laine qui servent à nous vêtir.

En France, près des deux tiers de la population, soit 22 millions d'habitants, se livrent aux travaux agricoles. Les produits que fournit annuellement l'agriculture sont évalués à environ 6 milliards.

Dans une profession où des capitaux si importants sont mis en œuvre, on conçoit que le plus petit progrès se chiffre par des bénéfices considérables. Dans l'état actuel des choses, il serait bien facile, par exemple, par le choix des variétés de blé et des engrais, de produire une légère augmentation de 60 litres de rendement par hectare. Or cette amélioration se traduirait par un bénéfice de 70 à 80 millions de francs par an pour la France.

La population augmente d'une manière continue : les nations civilisées demanderont à l'agriculture de nourrir ce surcroît de population.

Tout le monde a intérêt à voir l'agriculture prospérer ; les habitants des campagnes forment en effet la majorité des consommateurs, et si leurs récoltes sont bonnes, le commerce et l'industrie nationale s'en ressentent.

Certains peuples nous envient les merveilleuses ressources de notre sol ; il appartient à notre travail intelligent d'en tirer le plus grand profit.

Qualités nécessaires au cultivateur. — Le cultivateur doit être un homme robuste ; son travail est quelquefois pénible ; il faut qu'il puisse résister au froid, au chaud, à toutes les variations de température ; mais le bon air des campagnes, le travail au dehors, une nourriture saine et abondante contribuent à lui donner une solide constitution.

Il doit être intelligent et doit avoir une instruction agricole. Il saura mettre de l'ordre dans ses projets et dans ses travaux ; la besogne ne manque pas à la ferme, elle sera toujours conçue à l'avance, répartie et exécutée sans hésitation.

Le cultivateur sera vigilant et se rendra compte de ses dépenses et de ses recettes ; il saura tout ce qui se passe dans sa ferme et dans ses champs ; il se lèvera le premier et se couchera le dernier.

Qu'il s'impose la tâche de tenir une comptabilité simple qui le renseigne, non-seulement sur sa situation générale, mais sur les bénéfices que lui donne chaque partie de son exploitation.

Qu'il dédaigne surtout cette fausse considération de village qui se mesure à la fortune et qui le porterait à faire des dépenses exagérées.

Il saura en outre commander à ses serviteurs et les amener à prendre ses intérêts ; il y arrivera par le savoir, le tact et la fermeté.

Le cultivateur sera prudent sans être routinier ; il n'acceptera les innovations agricoles qu'après des essais préalables ; il va sans dire qu'il possèdera aussi les connaissances pratiques qui ne s'acquièrent que dans la ferme.

Ce sont là de nombreuses qualités ; mais, grâce à elles, le cultivateur se crée une position indépendante, tranquille et sûre ; il ne connaît pas les humiliations, les soucis, les tracas qui sont inhérents à tant d'emplois ; les travaux auxquels il se livre en plein air lui donnent la santé et la force et lui assurent une vie longue et exempte d'infirmités.

Les fils de cultivateurs, surtout ceux qui sont doués d'une certaine intelligence qu'ils pourraient si bien employer dans la culture des champs, ont donc tort d'abandonner tous ces avantages pour se rendre à la ville où, privés d'air et d'espace, ils ne trouvent, le plus souvent, qu'une position médiocre et précaire si toutefois ils ne sont pas complètement déçus.

La fermière dirige la maison ; elle se montrera intelligente, active, économe ; elle fera régner partout l'ordre et la propreté ; elle saura préparer économiquement une bonne nourriture à sa famille et aux ouvriers de la ferme ; elle connaîtra la fabrication du beurre et des fromages ; c'est elle aussi qui surveillera les étables, les porcheries, le poulailler, etc.

Notions sommaires sur la culture spéciale des plantes qui font l'objet de l'agriculture dans le département ; variétés à recommander ; Blé. — Seigle. — Orge. — Les plantes cultivées en agriculture dans le nord de la France peuvent se diviser en 6 groupes : 1° les céréales ; 2° les légumineuses farineuses ; 3° les plantes à tubercules et à racines charnues ; 4° les fourrages artificiels ; 5° les prairies naturelles ou permanentes ; 6° les plantes industrielles qui se subdivisent elles-mêmes en plantes oléagineuses, en plantes textiles et en plantes industrielles diverses.

Céréales. — On appelle ainsi les plantes de la famille des graminées dont les semences farineuses peuvent servir à l'alimentation de l'homme et des animaux domestiques.

Les céréales sont caractérisées par une tige creuse présentant, de distance en distance, des nœuds d'où partent des feuilles engainantes. Les petites fleurs sont disposées en épis comme dans le blé ou en grappes comme dans l'avoine ; elles sont entourées de petites bractées qui formeront plus tard la balle du blé. Les étamines, au nombre de trois pour chaque fleur, sont à filets très minces et à anthères ordinairement grosses, aussi ces dernières se détachent-elles sous l'influence des vents et des pluies qui surviennent quelquefois à l'époque de la floraison. Dans ce cas la fécondation se fait mal et la fructification laisse à désirer : c'est ce qu'on appelle, pour le blé en particulier, la coulure du blé.

Le blé est la plus importante des céréales ; viennent ensuite l'orge, l'avoine et le seigle ; le millet n'est guère cultivé dans notre pays ; le maïs et le sorgho sont produits dans le centre et le midi de la France.

NOTIONS SUR LA CULTURE DES CÉRÉALES EN GÉNÉRAL

Les céréales ne réussissent parfaitement qu'avec une culture soignée et des terres en bon état ; leurs graines, principalement celles du blé et de l'orge, sont en grande partie vendues ; les principes qui les constituent ne se retrouveront donc pas dans les fumiers et ne seront pas rendus au sol, aussi le cultivateur qui veut produire beaucoup de céréales doit exploiter un nombreux bétail qui lui fournisse un abondant fumier.

Rotation. — Les mauvaises herbes se développent facilement dans les céréales et il est difficile de les y détruire, aussi fait-on venir les céréales après les plantes sarclées.

Leurs racines étant peu développées, elles réussiront bien après la culture des plantes à longues racines telles que la betterave et le trèfle.

Après la betterave, la pomme de terre, le trèfle, l'œillette, le lin qui demandent surtout des engrais riches en potasse, on mettra les céréales qui recherchent principalement l'azote et l'acide phosphorique. Ces deux éléments sont surtout assimilés par les graines, nous comprenons maintenant pourquoi elles sont plus nourrissantes que les pailles, et pourquoi une céréale qui se développe dans un terrain manquant d'azote et de phosphate peut avoir une belle apparence pendant la première évolution de la plante, et dépérir au moment où la graine se forme.

Engrais. — Les céréales aiment un engrais anciennement incorporé au sol ; les fumiers récents pourraient donner naissance aux mauvaises herbes et rendraient le terrain trop léger ; les engrais complémentaires consistent en purin, tourteaux, nitrate de soude et superphosphate de chaux. Il ne faut pas oublier qu'un excès de fumure provoque la verse, qui diminue considérablement la récolte. Le chaulage produit de bons effets dans les terrains qui manquent de calcaire. Dans le Nord l'engrais complémentaire le plus employé est le nitrate de soude qui stimule singulièrement la végétation dans les terres renfermant encore un peu de fumier, mais il développe surtout la paille ; on peut le mettre au printemps sur toutes les céréales. On se sert aussi beaucoup du tourteau qui doit être répandu très tard à l'automne ou très tôt au printemps ; appliqué trop tard, son effet est nul s'il fait sec. L'emploi du superphosphate de chaux, dosant de 12 à 15 p. 100 d'acide phosphorique, et dans la proportion de 200 kilogrammes par hectare, est très recommandable, surtout pour les terres qui ne renferment pas suffisamment de calcaire ; cet engrais augmente le rendement en grain. Le grain de blé renferme en effet 8 p. 1,000 d'acide phosphorique, le seigle 8,2, l'avoine 5,5, etc. Il ne faut pas nous étonner de voir que le phosphore entre dans la nourriture de l'homme et des animaux ; on le trouve en effet dans leurs os et dans leur cerveau. D'un autre côté les phosphates donnent de la rigidité à la paille et peuvent empêcher les céréales de verser (Voir le chapitre des engrais).

Préparation du sol. — Les céréales craignent une terre trop récemment ameublie. Un mois environ avant les semailles on donne un labour profond de 25 à 30 centimètres et au moment des semailles un labour très superficiel suffit. Ce dernier labour est souvent remplacé par une façon à l'extirpateur. Lorsque le blé vient après la betterave il est difficile de procéder comme nous venons de le dire ; bien souvent on laboure et on sème aussitôt.

Si le terrain est infesté de mauvaises herbes on pratique quelques labours supplémentaires, et si la terre est légère on fait usage du rouleau.

Quand il s'agit de céréales d'hiver il n'est pas nécessaire que le terrain, avant de recevoir la semence, soit absolument pulvérisé par la herse ou par l'extirpateur ; de petites mottes abritent les jeunes plantes pendant l'hiver et les rechaussent en se réduisant en poussière au printemps.

Semis. — Les semis en lignes facilitent le nettoyage des céréales, les rendent moins sujettes à la verse et donnent une économie de semence. Celle-ci est enterrée à 3 ou 4 centimètres de profondeur dans la proportion d'environ 150 litres par hectare.

Soins d'entretien. — Lorsque l'automne est pluvieux et doux les céréales sont quelquefois attaquées par les limaces; on répand, pour les combattre, de la chaux vive et pulvérisée avant le lever du soleil.

Les terrains calcaires se soulèvent sous l'action des gelées; une façon au rouleau, à la sortie de l'hiver, rechaussera les racines des plantes; la même opération est nécessaire sur les terres légères.

Les terres fortes ne sont pas traitées de la même façon; un hersage à pleines dents brise la croûte que les pluies ont formée à la surface du sol et détruit les mauvaises herbes. C'est à ce moment que l'on répand ordinairement les engrais complémentaires.

Un sarclage est encore nécessaire si les mauvaises herbes se développent de nouveau. Dans la grande culture, les céréales semées en lignes sont quelquefois nettoyées au moyen d'une houe à cheval qui peut biner un certain nombre de lignes à la fois. Quelque temps plus tard on retranche l'extrémité des fanes des céréales qui poussent trop vigoureusement afin de les empêcher de verser.

Récolte des céréales. — Nous en parlerons dans le programme du mois de juillet après avoir décrit les instruments servant à couper et à transporter les récoltes.

Rendement. — Le rendement des céréales est indiqué dans le tableau synoptique qui renferme un résumé de la culture de chaque céréale en particulier. Le blé cependant, ayant une importance considérable dans notre culture, nous donnons ici un plus grand nombre de variétés de cette céréale avec leurs rendements.

Les blés **bigarrés** ou **panachés** sont des blés cultivés en mélanges; cette méthode élève presque toujours le rendement. On choisit des variétés qui s'accommodent

VARIÉTÉS DE BLÉS A CULTIVER DANS LE NORD DE LA FRANCE

1° Blés d'automne.

NOMS.	ORIGINE.	ÉPI BARBU ou SANS BARBES.	PAILLE.	ÉPI.	GRAIN.	ÉPOQUE DU SEMIS.	RUSTIQUE OU SENSIBLE au froid.	FUMURE.	RENDEMENT MOYEN (hectolit.)	OBSERVATIONS.
Blé blanc de Flandre.	Flandre. Armentières. Bergues. Bailleul. Merville. Orchies.	Sans barbes.	Blanche.	Long.	Blanc.	Semer d'octobre à novembre, et même jusqu'à fin décembre.	Peu sensible aux gelées.	Fumure ordinaire, pas trop azotée. Employer les phosphates.	28	Variété demi-tardive; demande à être semée pas trop drue, pour éviter la verse. — Paille de qualité exceptionnelle, grains très estimés de la meunerie.
Blé square headed shireff's.	Blé anglais.	Sans barbes.	Blanche.	Carré.	Rougeâtre.	On peut le semer jusqu'à la première quinzaine de novembre.	Très rustique, résistant aux froids prolongés, à cause de sa lenteur à entrer en végétation.	Ne craint pas les fumures azotées.	38	Tige raide; c'est une des variétés qui résistent le mieux à la verse. — Se plaît dans les terres humides et surtout dans les argiles. — Ce blé talle peu; employer beaucoup de semence. — Paille très courte. — Demi-tardif.
Blé Nursery.	Anglais.	Sans barbes.	Blanche.	Très long.	Roux.	De bonne heure, autant que possible.	D'une rusticité moyenne.	Bonne fumure phosphatée.	36	Blé très tardif. — Talle beaucoup, doit donc être semé clair. — Se plaît après la betterave, quand la récolte de celle-ci permet de le semer tôt.
Golden drop.	Anglais.	Sans barbes.	Rouge.	Long.	Roux.	Au plus tard en novembre.	Rustique.	Sol en bon état de culture et bien fumé.	38	Variété souvent préférée à la précédente, très estimée comme paille et grain, à la condition de ne pas semer trop tard.
Victoria......	Anglais.	Sans barbes.	Blanche.	Long.	Blanc.	Octobre jusqu'à mi-novembre.	Sensible aux fortes gelées.	Fumure complète, riche en phosphate.	36	Excellent blé, vulgairement désigné sous le nom de blé anglais; donne une paille et un grain très estimés, et se plaît principalement dans les terres franches un peu calcaires.
Chiddam blanc	Anglais.	Sans barbes.	Blanche.	Long.	Blanc.	Jusqu'à fin de décembre.	Rustique.	Fumure complète, riche en phosphate.	35	Blé donnant une paille et un grain de toute beauté; malheureusement il verse quelquefois dans les sols dépourvus de phosphates.
Chiddam à épi rouge.	Anglais.	Sans barbes.	Blanche.	Long.	Jaunâtre.	Jusqu'en décembre.	Très rustique.	Forte fumure.	36	Grand produit, résiste à la verse; paille courte, assez fine, aime les terres fortes, pourvu que l'élément calcaire ne fasse point défaut.

NOMS.	ORIGINE.	ÉPI BARBU ou SANS BARBES.	PAILLE.	ÉPI.	GRAIN.	ÉPOQUE DU SEMIS.	RUSTIQUE OU SENSIBLE au froid.	FUMURE.	RENDEMENT MOYEN (hectolit.)	OBSERVATIONS.
Blé d'Australie ou Poulard d'Australie.	D'Australie.	Barbu.	Blanche.	Carré.	Rougeâtre.	Jusqu'au 15 novembre.	Sensible aux fortes gelées.	Fumure ordinaire, vient dans tous les terrains.	45	Blé tardif, donnant un produit considérable en paille et en grains; se plaît dans les argiles froides et même humides; il demande à être semé clair, car il talle beaucoup.
2° Blés de printemps.										
Blé de mars barbu.	Variété indigène.	Barbu.	Blanche.	Aplati.	Rougeâtre.	Printemps.	Très rustique.	Très ordinaire.	25	Peu cultivé aujourd'hui; c'est pourtant une espèce assez productive et remarquablement rustique; convient assez aux terres médiocres et aux climats secs.
Chiddam blanc de mars.	Seine-et-Marne.	Quelques barbes courtes.	Blanche.	Très effilé.	Blanc.	Printemps : de bonne heure.	Rustique.	Bonne.	27	Un des meilleurs blés de mars; il est productif dans les bonnes terres. — Variété tardive.
Blé bleu ou de Noé.	Gers.	Sans barbes.	Blanche.	Plat.	Jaune.	D'octobre à la fin de février.	Rustique.	Bonne.	30	Blé sujet à la rouille; et il s'égrène facilement à la maturité; aussi faut-il le couper un peu vert et le laisser mûrir en moyettes.
Blé de Bordeaux rouge inversable.	Gironde.	Sans barbes.	Rousse.	Long.	Rouge.	D'octobre à mars.	Rustique, résiste à la verse.	Bonne.	32	Bon blé d'hiver et de printemps, peu exigeant comme engrais et qualité de terre; très productif.

des mêmes sols et de la même époque de semis : blé blanc de Flandre et blé Victoria d'automne; blé Victoria blanc et blé bleu; blé Chiddam d'automne à épi blanc et blé rouge inversable. Pour les semis de mars : blé Chiddam blanc de mars et blé de Saumur de mars.

Les blés anglais sont plus sensibles au froid que les blés du pays; cependant quand ils sont acclimatés, c'est-à-dire cultivés plusieurs fois chez nous, ils deviennent plus rustiques et rarement alors la gelée les fait périr;

leur paille est plus grosse que celle du blé de Flandre et ne convient pas si bien à la nourriture des bestiaux, mais leur rendement en grain est très élevé et ce grain a presque autant de valeur que le blé blanc; aussi nos cultivateurs commencent-ils à les cultiver dans de grandes proportions. Il ne faut pas oublier que la plupart de ces blés anglais demandent une terre beaucoup plus riche que les blés de Flandre.

Le blé d'Australie donne des récoltes remarquables; il

CULTURE DES CÉRÉALES.

	VARIÉTÉS.	CLIMAT ET SOL.	ROTATION.	ENGRAIS.	PRÉPARATION DU SOL.	SEMAILLES.	SOINS D'ENTRETIEN.	RÉCOLTE.	RENDEMENT.
Blé.	A GRAIN NU : *Blés tendres* ou ordinaires. *Blés poulards* à épi barbu, à grain renflé et rougeâtre. *Blés durs* à épi barbu : on les cultive dans le midi de la France. A GRAIN VÊTU : *Épeautre* et *engrain :* ces variétés, qui servent surtout à faire de l'amidon, ne sont pas cultivées dans notre pays.	Climat tempéré et légèrement humide. Terre de consistance moyenne, argilo-calcaire et terre forte.	Après la betterave, l'œillette, le trèfle, le colza, la pomme de terre et le lin.	Fumier appliqué à la récolte précédente, tourteau, guano, engrais liquides, noir animal, cendres, nitrate de soude dans la proportion de 110 kil. à l'hectare. Superphosphate de chaux : 200 kilog. à l'hectare.	Un labour profond un mois avant les semailles, un labour superficiel au moment des semailles. Le labour superficiel est souvent remplacé par une façon à l'extirpateur, donnée après que la semence est répandue. — Après la betterave on laboure et souvent on sème aussitôt.	Choisir du blé d'un an ou, à défaut, du blé de deux ans ; renouveler souvent la semence et la soumettre au sulfatage. — Pour les semis à la volée, employer 2 hectolitres de semence, et pour les semis en ligne 142 litres. — Semer le blé d'hiver vers le 20 octobre, et le blé de mars du 1er mars au 10 avril.	Creuser des rigoles dans les terrains humides. — Au printemps, hersage à pleines dents, quelquefois suivi d'un roulage. Détruire les mauvaises herbes. Effaner lorsque la végétation est trop vigoureuse.	Lorsque le produit de la récolte ne doit pas être employé comme semence, on coupe quelques jours avant la complète maturité.	Le rendement moyen est de 28 hectolitres à l'hectare.
Seigle.	*Seigle d'hiver* ou seigle commun.	Peut être cultivé plus au nord que le blé. Terres légères, sablo-argileuses ou calcaires.	Après l'orge, l'avoine, le blé, les pommes de terre.	(Voir *Blé.*) Il est moins exigeant que le blé sur la quantité d'engrais.	(Voir *Blé.*) Labour un mois avant les semailles, afin de laisser tasser la terre; employer le rouleau dans le cas contraire.	On sème vers la fin de septembre jusqu'au 10 octobre. On enterre peu profondément ; 170 litres par hectare.	Herser et rouler dans les terres légères très tôt au printemps. — Détruire les mauvaises herbes. Effaner lorsqu'il est nécessaire..	Le seigle ne s'égrène pas facilement ; on peut attendre la complète maturité.	Rendement moyen : 21 hectolitres.
Orge.	ORGE D'HIVER : *Orge carrée, commune* ou *escourgeon,* à 6 rangs de grains. ORGE DE PRINTEMPS : *Orge carrée de printemps. Orge à deux rangs ou paumelle. Orge chevalier* à deux rangs; celle-ci est la plus exigeante et la plus productive des orges de printemps; il faut la semer plus tôt que les autres variétés, fin de février ou mars, en sol fertile.	C'est la céréale dont la culture s'avance le plus au nord et au midi. Terres riches de consistance moyenne. Elle réussit même assez bien dans les terres légères.	Commence la rotation; après l'hivernage, la pomme de terre, les féveroles, un trèfle ou une prairie naturelle.	Terre bien fumée, riche en acide phosphorique, potasse et soude; fumier de vache bien décomposé, cendres, os, phosphate de chaux, urines, matières fécales.	Sol bien ameubli. Orge d'automne. (Voir *Blé.*) — Lorsqu'on enterre du fumier, le labour ne doit pas être trop profond. Orge de printemps : labour profond avant l'hiver ; labour superficiel peu de temps avant les semailles.	Les espèces d'hiver se sèment vers le 10 octobre, celles de printemps , en mars et en avril. On sème à la volée, 200 à 220 litres par hectare ; au semoir 150 litres suffisent.	Avant la germination, les pluies forment quelquefois une croûte que la gemmule percerait difficilement; on donne un hersage. Au mois de mars on roule et on herse les orges d'hiver. — Sarclages lorsqu'il y a des mauvaises herbes.	L'orge s'égrène facilement, ou plutôt l'épi se sépare facilement de la tige ; on la coupe trois ou quatre jours avant la complète maturité.	Rendement moyen : 47 hectolitres pour les orges d'hiver et 40 hectolitres pour les orges de printemps.

	VARIÉTÉS.	CLIMAT ET SOL.	ROTATION.	ENGRAIS.	PRÉPARATION DU SOL.	SEMAILLES.	SOINS D'ENTRETIEN.	RÉCOLTE.	RENDEMENT.
Avoine.	*Avoine commune*, à grain grisâtre. *Avoine noire de Brie*, très productive en bon sol. *Avoine jaune de Flandre*, variété dite des salines; paille haute et forte; ne réussit bien que dans les bonnes terres. *Avoine unilatérale de Hongrie*. Il y a dans cette espèce une variété à grains noirs et une à grains jaunes; la variété à grains noirs est la plus estimée.	Températur. douce, terre fraîche, redoute les grandes sécheresses, se plaît bien dans les terrains nouvellement défrichés ou desséchés.	Après le blé, la betterave, la pomme de terre, et souvent pour terminer la rotation.	On fume moins souvent l'avoine que le blé. (Voir *Blé*.) Engrais alcalins, marnage, chaulage dans les terrains qui manquent de l'élément calcaire.	L'avoine n'est pas difficile quant à la préparation du sol. Un seul labour avant l'hiver suffit; on donne une façon à l'extirpateur au moment des semailles.	On sème en février, mars et avril, dans la proportion de 3 hectolitres par hectare; 2 hectolitres suffisent avec le semoir.	Lorsque l'avoine a sa troisième feuille et que le sol est bien ressuyé, on donne un hersage qui détruit les mauvaises herbes et qui sert à recouvrir les graines des prairies artificielles.	On coupe l'avoine lorsque la moitié des panicules sont mûres.	Rendement moyen : 50 hectolitres.

se vend moins cher que les blés blancs, mais il y a encore profit à le cultiver en bon terrain. Ses balles et sa paille ne peuvent point servir de nourriture aux bestiaux : c'est un blé barbu. Voir les cultures spéciales du blé, du seigle et de l'orge dans le tableau des céréales, page 22.

Maladies des plantes, des céréales en particulier, moyens préservatifs. — Les maladies des plantes sont causées par les influences atmosphériques, par le mauvais état du sol, et le plus souvent par des plantes parasites qui, se développant aux dépens des plantes cultivées, en altèrent et en diminuent les produits. Les insectes attaquent aussi les récoltes et causent quelquefois de grands dégâts.

Nous donnerons après la culture de chaque plante les moyens à employer pour prévenir ou combattre les maladies auxquelles elle est sujette, ainsi que les procédés de destruction des insectes qui l'attaquent.

Les principaux insectes qui nuisent aux céréales sont :

Le **zabre bossu** (fig. 1), petit coléoptère; sa larve qui vit trois ans mange les racines du blé; l'insecte parfait dévore, le soir, le grain dans l'épi.

L'**anisoplie**, petit coléoptère long de 1 centimètre

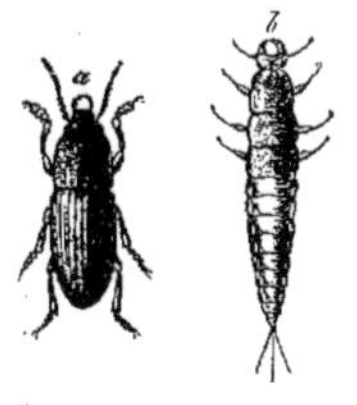

Fig. 1. — Zabre bossu, insecte parfait et sa larve.

Fig. 2. — Anisoplie.

Fig. 3. — Élater du blé (*a*) et sa larve (*b*).

(fig. 2), attaque les épis de blé et de seigle lorsqu'ils sont en fleurs.

L'**élater ou taupin des blés**, coléoptère long de

10 à 12 millimètres (fig. 3); sa larve, qui vit deux ans, se nourrit des racines du blé.

Le **hanneton**. — Sa larve appelée *ver blanc* vit trois ans et attaque beaucoup de plantes, entre autres les jeunes céréales.

L'aiguillonier (fig. 4) est un coléoptère long de 1 centimètre; la femelle perce le chaume un peu au-dessous de l'épi et y dépose un œuf. La larve qui en provient se nourrit dans l'intérieur de la tige qui ne donne qu'un épi stérile. On recommande de faucher très bas les

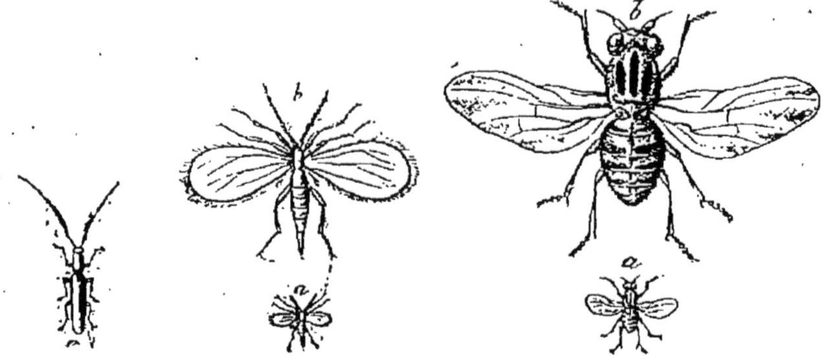

Fig. 4. — Aiguil-
lonier.

Fig. 5. — Cécidomye
du froment gros-
sie (*b*) et grandeur
naturelle (*a*).

Fig. 6. — Oscine du seigle,
grossie (*b*) et grandeur
naturelle (*a*).

blés attaqués pour emporter les chrysalides qui se trouvent à quelques centimètres de terre.

La noctuelle moissonneuse, papillon de 15 à 18 millimètres de long; sa chenille, qui vit un an, se nourrit de la racine des céréales.

La **cécidomye du froment**, diptère (fig. 5); la larve se nourrit des organes de la fleur.

Les **oscines** sont des diptères (fig. 6) dont les larves vivent dans la tige du blé.

Quelques autres invertébrés sont encore nuisibles aux céréales; nous citerons les **vers de terre** et surtout les **limaces**.

Pour combattre tous ces insectes, le meilleur moyen

est d'abord de conserver les oiseaux et les quadrupèdes insectivores ainsi que les coléoptères carnassiers. Les ichneumons, dont les espèces sont nombreuses, nous rendent aussi d'inappréciables services en détruisant un grand nombre de chenilles.

Les enfants peuvent quelquefois faire la chasse aux plus gros insectes : hanneton, zabre bossu, anisoplie.

L'emploi de la chaux vive et pulvérisée répandue avant le lever du soleil fait périr les limaces. Les hannetons ne déposent pas leurs œufs sur le terrain où l'on a répandu des cendres de tourbe, des vidanges, de l'urine, des déchets de fabrique de savon, de la suie. Ces substances, ainsi que la chaux, nuisent à tous les insectes en général. Les labours à l'automne les exposent à la voracité des oiseaux, et l'emploi du rouleau Croskill au printemps en tue un grand nombre. Enfin, en faisant alterner les cultures, on prive les insectes de leur nourriture préférée et ils ne tardent pas à disparaître.

Les **maladies** qui attaquent les céréales sont : la rouille, le charbon, la carie, l'ergot.

Toutes ces maladies sont produites par de petits champignons parasites.

La **rouille** attaque surtout l'orge et le froment, quelquefois le seigle. Elle se présente sous forme de pustules très nombreuses répandues sur les feuilles et les tiges des céréales. Arrivées à leur maturité, ces pustules se déchirent et laissent échapper une poussière d'un jaune de rouille. Les grains naissent légers et rabougris, et la paille rouillée est d'un emploi dangereux qui peut compromettre la santé des bestiaux. C'est avec raison que l'on attribue la rouille au voisinage de l'épine-vinette; la rouille qui se produit sur cet arbuste achève son développement sur les céréales; elle sévit principalement après un abaissement subit de température ou avec les brouillards froids et humides.

Le **charbon** (fig. 7) est une maladie qui attaque le froment, l'orge et l'avoine, mais cause peu de dégâts. L'épi tout entier apparaît couvert d'une matière noire, d'abord visqueuse, qui ne tarde pas à se dessécher et à devenir pulvérulente.

Le retour fréquent des céréales à la même place, une terre trop maigre, une mauvaise préparation du sol, des semis trop tardifs, des semences pas assez mûres ou enterrées trop profondément, les alternatives fréquentes de pluie et de grandes chaleurs contribuent beaucoup à affaiblir les céréales et à propager le charbon. Le charbon peut aussi se transmettre par le fumier quand on a fait la litière avec de la paille de blé charbonné.

Le charbon, ainsi que la carie, est combattu avec succès par les lavages et mieux encore par le sulfatage et le chaulage des semences.

La **carie** (fig. 8) sévit sur les blés où elle cause quelquefois des ravages considérables. L'épi attaqué conserve sa forme, mais les grains, d'une couleur terne, ne contiennent qu'une poussière d'un brun verdâtre ; ils s'écrasent dans l'opération du battage et la poussière qu'ils renferment se met en suspension dans l'air et répand une odeur de poisson pourri. Cette poussière cause de vives démangeaisons aux yeux et quelquefois des affections de poitrine. Le blé carié perd beaucoup de sa valeur. Les blés communs sont plus sujets à la carie que les blés exotiques.

On recommande, pour éviter cette maladie, de renouveler souvent la semence en la changeant de localité ; dans les arrondissements d'Avesnes et de Cambrai on sème beaucoup les blés d'Armentières, de Bergues et d'Orchies.

Dès qu'un blé récolté sur le territoire est légèrement carié, il est indispensable de le soumettre au sulfatage et au chaulage. Voici en quoi consiste cette opération qui a pour objet de détruire les séminules des champignons.

La semence est d'abord lavée à grande eau et on retire les grains qui surnagent ; on fait ensuite dissoudre dans 5 litres d'eau chaude, ou mieux de [purin chaud, soit 250 grammes de sulfate de cuivre, encore appelé cou-

perose bleue, soit 600 grammes de sulfate de soude ou sel
de Glauber. Les grains sont alors déposés sur un sol dur
où ils s'égouttent. On en prend un hectolitre qu'on arrose
avec la dissolution, et pendant qu'un ouvrier remue les

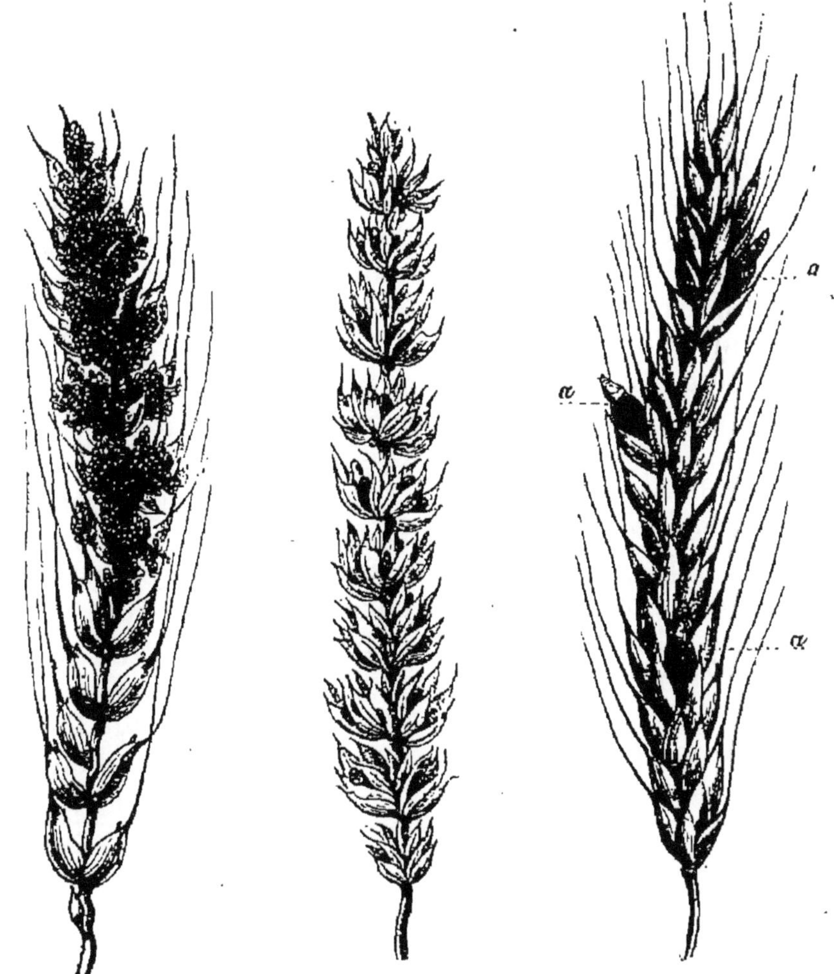

Fig. 7. — Charbon de   Fig. 8. — Blé carié.   Fig. 9. — *a, a*, ergot de
l'orge à deux rangs.   seigle.

grains à l'aide d'une pelle, on les saupoudre avec 1 ou
2 kilogrammes de chaux éteinte.

Pour éteindre la chaux, on la met dans une manne
que l'on plonge pendant quelques secondes dans l'eau

et qu'on renverse aussitôt sur le sol ; la chaux ne tarde pas à s'échauffer et à se réduire en poudre.

L'ergot (fig. 9) attaque principalement le seigle. Un certain nombre de grains dans les épis sont remplacés par des excroissances ayant la forme d'un ergot de coq. Ces excroissances dont l'extérieur est d'un brun violacé sont longues de 3 ou 4 centimètres. L'ergot de seigle est un poison qui peut causer différents accidents et en particulier la gangrène des membres ; il faut donc avoir soin de bien nettoyer le seigle ergoté.

Cette maladie se produit principalement dans les années pluvieuses ; lorsque le seigle revient trop souvent dans le même terrain ou lorsque celui-ci est maigre et sablonneux. Certains pays, tels que la Sologne, y sont particulièrement sujets.

Vesce d'hiver. — C'est une plante de la famille des légumineuses ou papilionacées ainsi appelée à cause de la forme de la corolle qui ressemble à un papillon. Les plantes de cette famille sont encore caractérisées par des feuilles composées dont l'extrémité est souvent transformée en vrille ; le fruit est une gousse. Les plantes suivantes que nous étudierons encore en agriculture appartiennent à la même famille : fève, pois, lentille, trèfle, luzerne, sainfoin. La vesce d'hiver est cultivée en mélange avec le seigle sous le nom d'hivernage ; elle fournit un fourrage très azoté qui, donné en trop grande quantité, prédispose les chevaux aux coups de sang, principalement pendant la période du repos. Voir sa culture dans le tableau des légumineuses, page 166.

DESCRIPTION ET USAGES DES INSTRUMENTS ET DES MACHINES AGRICOLES.
INSTRUMENTS ARATOIRES DIVERS.

Un **outil** est un instrument simple, à main, qui permet à l'homme d'exécuter un travail : la bêche, la fourche, la faux, la sape sont des outils.

On appelle **instruments aratoires** ceux que l'homme emploie ordinairement en agriculture avec l'aide des bêtes de trait : la charrue, la herse, le rouleau, etc., sont des instruments aratoires.

Une **machine agricole** est un instrument compliqué et souvent coûteux mû tantôt par des animaux domestiques, tantôt par la vapeur : les faucheuses, les moissonneuses, les batteuses sont des machines agricoles.

Les bons instruments sont indispensables pour faire bien et vite. Les machines agricoles permettent souvent de réaliser de grandes économies. Un cheval, par exemple, peut produire un travail équivalent à celui de cinq ou six hommes, et cependant la journée de travail du cheval ne coûte pas beaucoup plus cher que celle de l'homme.

Charrue simple ou araire. — Dans la grande culture on se sert de charrues pour donner les labours.

Fig. 10. — Charrue simple ou araire.

La charrue simple encore appelée araire (fig. 10) se compose du **coutre** B qui coupe verticalement le sol ; du **soc** A qui le coupe horizontalement et commence à soulever les tranches ; de l'oreille ou **versoir** C qui continue de soulever la tranche et la renverse ; du **sep** qui glisse sur le fond du sillon ; des **étançons** KK qui relient le sep à l'âge. L'**âge** E est une longue pièce de bois ou de fer sur laquelle s'exerce la traction. Cette pièce est terminée à son extrémité postérieure par les **mancherons G**, le plus souvent au nombre de deux, qui servent à conduire la charrue; elle porte à son extrémité antérieure le **régulateur** qui est composé de deux parties dont l'une I, appelée **patin** ou *sabot*, règle l'entrure de la charrue, et l'autre F la largeur des tranches de terre.

Dans la plupart des charrues se trouve aujourd'hui un **avant-soc** H encore appelé *rasette* dans le Nord. L'avant-soc coupe une mince tranche de terre et la jette avec les mauvaises herbes dans le dernier sillon ouvert; la terre labourée se trouve ainsi parfaitement propre.

Charrue à avant-train. — Dans la charrue à avant-train, encore appelée charrue composée, le patin est remplacé par deux roues de diamètres différents montées sur un axe commun; la plus grande roue tourne au fond du sillon et l'autre sur le sol non labouré. Cette charrue exige plus d'efforts de la part des chevaux, mais elle peut être conduite par des ouvriers peu habiles; elle convient surtout pour les terrains compacts ou graveleux lorsqu'il s'agit de donner des labours peu profonds.

Brabant double. — La charrue brabant double (fig. 11), encore appelée jumelle dans le Nord de la France, est formée de deux charrues fixées l'une au-dessus de l'autre et portées par un âge commun. Lorsqu'on arrive au bout du champ on fait tourner l'âge, et l'on revient immédiatement sur ses pas en

Fig. 11. — Brabant double.

faisant fonctionner le soc qui était précédemment en l'air. On évite ainsi de transporter la charrue d'une extrémité du champ à l'autre extrémité pour faire un nouveau sillon. La charrue brabant double est la plus répandue dans le Nord; on en fabrique d'excellentes qui nécessitent l'emploi de deux chevaux; on en fait même d'assez légères pour être tirées par un seul cheval.

Charrues polysocs. — Elles sont formées de plusieurs

Fig. 12. — Charrue Bisoc.

corps de charrues portés par un même châssis (fig. 12). Comme elles font plusieurs sillons à la fois, elles effectuent rapidement la besogne, mais elles sont lourdes à tirer et servent pour les labours peu profonds. Les meilleures sont celles qui ne portent que deux ou tout au plus trois socs. Il ne faut pas les confondre avec le brabant double.

Fig. 13. — Charrue fouilleuse.

Les labours sont dits **superficiels** lorsqu'ils sont donnés à moins de 15 centimètres de profondeur; **ordinaires** lorsqu'ils sont donnés de 15 à 25 centimètres, et **profonds** lorsqu'ils sont donnés à plus de 25 centimètres. Les labours profonds conviennent pour la culture des plantes pivotantes. Il faut pour les donner que le sol soit profond lui-même ou que le sous-sol soit de nature à améliorer le sol arable.

Lorsque le sol est peu profond et que le sous-sol est de mauvaise nature, on peut cependant remuer ce dernier

Fig. 14. — Extirpateur.

au moyen de la **charrue fouilleuse** (fig. 13). Cette charrue ne fait qu'ameublir le sous-sol sans le ramener à la surface : c'est ce qu'on appelle donner un *labour de défoncement*.

Extirpateur (fig. 14). — Cet instrument est formé d'un cadre ordinairement en fer porté sur trois ou quatre roues

Fig. 15. — Herse à chaînons.

et armé de dents ayant à peu près la forme de socs de charrue. L'extirpateur est souvent préféré aux charrues polysocs ; il sert à déchaumer les champs après la récolte de céréales, à détruire les plantes à racines pivotantes et à enterrer les graines et les engrais.

Herse. — La herse sert à écraser les mottes de terre, à égaliser le terrain, à briser la croûte qui a pu se former à la surface du sol après les fortes pluies, à détruire les mauvaises herbes, à ramener à la surface les racines vivaces qui peuvent se trouver dans le sol, à répandre plus régulièrement les semences et à les enterrer.

Les herses en fer sont plus énergiques que les herses en bois. On estime assez peu la **herse triangulaire** en bois si répandue dans notre pays ; on lui préfère la **herse**

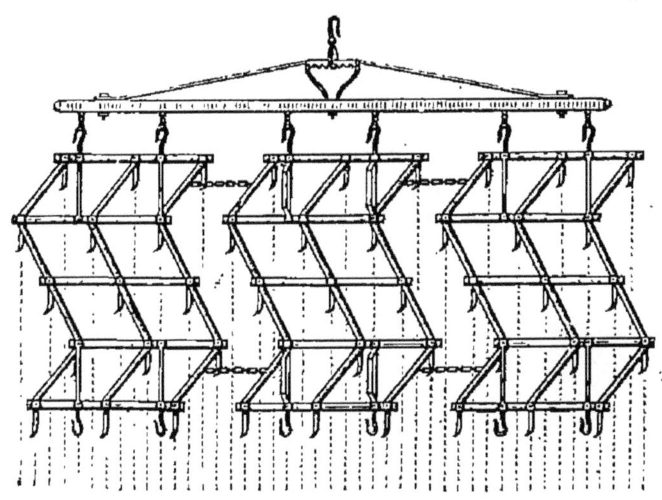

Fig. 16. — Herses Howard.

de Valcourt et surtout les **herses en zig-zag** (fig. 16) à trois cadres. On dit aussi beaucoup de bien des **herses à chaînons** (fig. 15) qui suivent toutes les ondulations du sol.

Rouleaux. — Un rouleau (fig. 17) est un cylindre en bois, en fonte ou en pierre qui sert à écraser les mottes de terre, et à tasser le sol. On les choisit aujourd'hui en fonte ou en pierre et de plusieurs pièces très mobiles sur l'essieu, auquel on donne un diamètre plus petit que celui du creux dans lequel il est logé. Ils ne doivent pas avoir plus de 2^m,50 de longueur afin de n'être pas trop difficiles à tourner.

On trouve aussi dans le Nord des rouleaux en pierre, faciles à diriger, composés de trois pièces, une en avant,

Fig. 17. — Rouleau articulé.

les deux autres sur les côtés et en arrière. Ces trois pièces sont reliées par un cadre en fer.

Enfin les **rouleaux Crosskill** (fig. 18) formés de disques

Fig. 18. — Rouleau Croskill.

en fonte, dentés de diamètres différents et alternant entre eux, rendent de grands services pour tasser le térrain et le pulvériser en même temps.

Semoirs. — Ce sont des instruments qui sèment les graines en lignes; il y en a cependant qui sèment à la volée, mais ils ne sont guère employés dans notre pays.

Les semis en lignes donnent une économie d'un tiers de graine, une levée plus régulière et plus de facilité pour nettoyer les récoltes.

Un semoir (fig. 19) se compose d'une caisse portée ordinairement par deux roues et dans laquelle on dépose la graine. Le mouvement des roues fait tourner dans la

Fig. 19. — Semoir à betterave et engrais.

boîte un axe garni de cuillères ; ces cuillères se remplissent de graines qu'elles versent dans des tuyaux descendant jusqu'à terre. Ces tuyaux sont terminés à leur partie

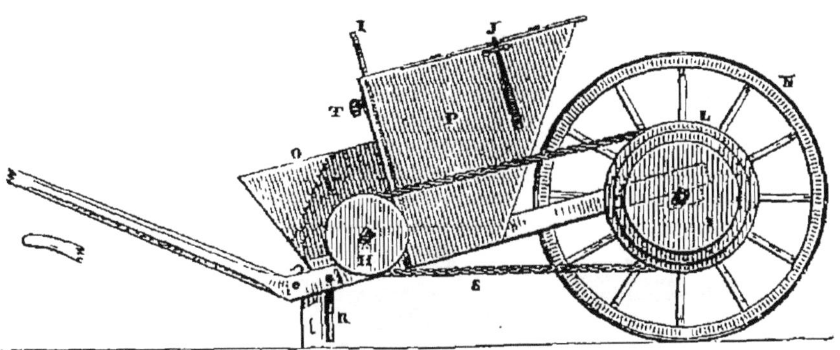

Fig. 20. — Semoir à brouette.

inférieure par de petits socs qui ouvrent des sillons dans lesquels tombent les grains. Une herse qui suit le semoir recouvre ces graines.

On fait aussi des **semoirs à brouette** pour la petite culture (fig. 20).

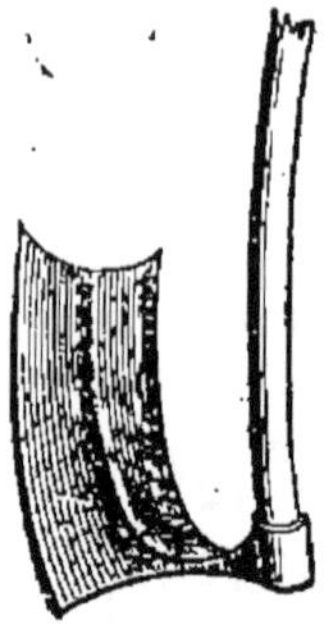

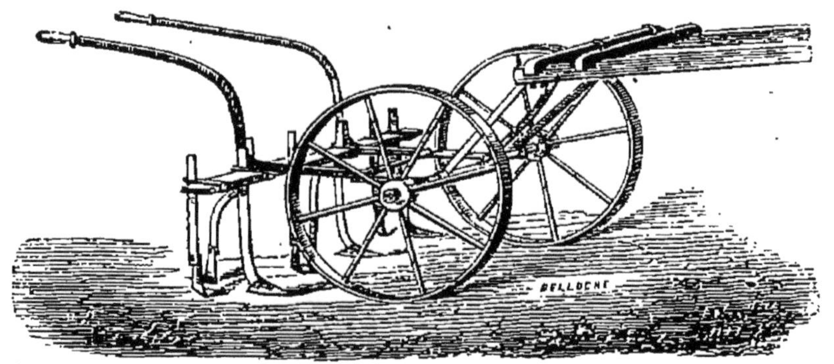

Houe. — La houe (fig. 21) sert à donner des labours superficiels dans la petite culture ; dans le Nord on la remplace par la **rasette** pour pratiquer les binages.

Houe à cheval. — On l'emploie pour donner les binages lorsque les semis ont été faits en lignes. Aujourd'hui que les betteraves se sèment en lignes distantes de 40 centimètres, on fait des houes à cheval qui binent trois lignes à la fois (fig. 22).

Fig. 21.—Houe.

Buttoir. — Le buttoir est destiné à butter les plantes

Fig. 22. — Houe à cheval à trois rangs.

semées en lignes, c'est-à-dire à amasser la terre au pied

Fig. 23. — Buttoir.

de leurs tiges. C'est une sorte de charrue à deux versoirs.

La figure 23 représente un buttoir construit à Grignon et dans lequel l'écartement des versoirs est variable. Pour butter les pommes de terre on donne une première façon avec un écartement maximum des versoirs, puis une deuxième façon plus profonde que la première avec les versoirs plus rapprochés.

NOTIONS SUR LA SUCRERIE ET LA DISTILLERIE

Sucrerie. — L'industrie de la sucrerie est une des richesses de notre région : elle a subi une crise dans ces dernières années ; mais aussitôt qu'un impôt a été prélevé sur les betteraves et que celles-ci ont été vendues proportionnellement à leur richesse saccharine, les cultivateurs se sont appliqués à produire des betteraves riches et les fabricants de sucre ont perfectionné leur fabrication ; de sorte qu'aujourd'hui nous pouvons lutter contre la concurrence étrangère.

Le rendement moyen en France, pendant la campagne 1887-1888, a été de $9^{kil},5$ de sucre raffiné par 100 kilos de betteraves.

Les betteraves sont le plus souvent achetées à la densité ; ce moyen d'apprécier la richesse de la betterave présente cependant moins de garantie pour le fabricant que le dosage du sucre par le procédé Violette.

Extraction du jus de betterave. — Les betteraves étaient autrefois lavées puis soumises à l'action d'une râpe qui les réduisait en bouillie ; le jus était extrait par des presses. Ce procédé laissait trop de sucre dans la pulpe de betterave ; il a été remplacé par la diffusion qui donne un plus grand rendement de sucre.

On opère dans une **batterie de diffusion** composée de 10 à 14 *diffuseurs*. On appelle ainsi des chaudières ordinairement en fonte, contenant une trentaine d'hectolitres. La betterave coupée en cossettes très fines est jetée dans les diffuseurs où elle se trouve au contact de l'eau portée à une température de 40 à 80°. Le sucre contenu dans les cellules de la betterave passe au travers des membranes de ces cellules et se répand dans l'eau.

L'eau, pour s'emparer du sucre contenu dans la betterave, passe successivement dans tous les diffuseurs; elle reste cinq minutes environ dans chacun d'eux, et on termine l'opération en la faisant arriver sur des cossettes fraîches. Elle contient alors presque autant de sucre que le jus de betterave lui-même.

Lorsque les cossettes ont été lavées par dix ou quatorze eaux, et en dernier lieu par de l'eau pure, elles ont abandonné presque tout leur sucre; on les retire du diffuseur pour les remplacer par des cossettes fraîches, on les presse et elles forment la pulpe de diffusion qui sert de nourriture aux bestiaux.

Purification du jus de betterave. — L'eau chargée de sucre est introduite, au moyen d'un appareil appelé *monte-jus*, dans une grande chaudière carrée où on la mêle avec une certaine quantité de chaux délayée préalablement dans l'eau. Cette chaux se combine avec beaucoup de substances étrangères au sucre pour former des composés insolubles qui se précipitent au fond du liquide; c'est ce qui constitue la **défécation**. La chaux se combine aussi avec le sucre pour former du *sucrate de chaux* qui s'altère moins facilement que le sucre.

Lorsque la chaux a agi suffisamment, on s'en débarrasse en faisant arriver dans le liquide un courant d'acide carbonique qui se combine avec elle pour former du carbonate de chaux insoluble, et le sucre est mis en liberté, c'est ce qu'on appelle la **carbonatation;** et comme la chaux est ajoutée au jus sucré et à deux reprises différentes, cette méthode de purification porte le nom de *défécation par la double carbonatation.* On laisse en repos le jus déféqué; les boues calcaires se déposent au fond des cuves; alors on décante, puis on extrait du dépôt le jus sucré qu'il contient, au moyen des filtres-presses dans lesquels la matière se trouve comprimée entre des toiles. Le jus s'échappe et les défécations restent.

La chaux et l'acide carbonique employés dans les

sucreries y sont préparés dans un chaufour spécial.

Pour favoriser la formation de tous les composés dont nous avons parlé, le liquide est chauffé au moyen de la vapeur d'eau qui circule dans un serpentin en cuivre rouge suspendu au milieu de la chaudière.

Concentration des sirops. — Le jus sucré subit d'abord une filtration, puis on lui fait perdre une partie de son eau pour qu'il abandonne par cristallisation le sucre qu'il renferme. Pour cela il faut le faire bouillir ; or, si cette opération s'effectuait simplement à l'air libre et à la température d'ébullition de l'eau, c'est-à-dire à 100°, une certaine quantité de sucre se transformerait en sucre incristallisable. On évite cette transformation en chauffant le jus dans des chaudières complètement closes et dans la partie supérieure desquelles on fait le vide à l'aide de fortes machines pneumatiques. Le liquide bout à une température d'autant plus basse que la pression exercée à sa surface est plus faible ; cette température ne dépasse jamais 80°.

Les chaudières closes sont de deux sortes :

1° **L'appareil à triple effet** dans lequel le jus est évaporé jusqu'à ce qu'il prenne la consistance du sirop ; il est alors filtré de nouveau, le plus souvent encore sur du noir animal.

2° **L'appareil à cuire** où le sirop perd assez d'eau pour permettre la cristallisation du sucre : cette opération porte le nom de *cuite en grains*. On retire les cristaux par un procédé que nous allons décrire.

Séparation du sucre et du sirop. — Cette séparation se fait au moyen de la turbine. Figurez-vous un cylindre en fonte dans lequel se trouve un tambour en toile métallique à mailles serrées, ouvert à sa partie supérieure et tournant sur un axe avec une grande rapidité. Lorsqu'on verse dans ce tambour le mélange de cristaux de sucre et de sirop, il est projeté violemment contre les parois par la force centrifuge, et le sirop seul traverse la toile pour s'écouler par la partie inférieure du cylindre en fonte. On obtient ainsi le *sucre de premier jet ;* le sirop qui reste, ou mélasse, de nouveau évaporé, donne du *sucre de second jet* et ainsi de suite ; on fabrique aujourd'hui du sucre de cinquième et *sixième jet*. (*Expérience : faire une fronde avec un morceau de toile métallique ; on s'en servira pour séparer une petite quantité de cristaux de sucre de la mélasse.*)

Le sucre en grains recueilli est livré aux raffineurs.

Application de l'osmose à l'extraction du sucre de la mélasse. — Les sels contenus dans la mélasse s'opposent à la cristallisation d'une quantité de sucre égale à cinq fois leur poids ; on les enlève à l'aide de l'**osmogène**.

Dans cet appareil, la mélasse et l'eau, portées à une certaine température, sont séparées par une cloison de papier parchemin. Les sels traversent le parchemin et se rendent dans l'eau qu'on fait évaporer pour en extraire les sels de potasse.

Distillerie. — On distille les liqueurs fermentées, le

Fig. 23 *bis.*

vin par exemple, pour extraire, soit l'**eau-de-vie**, soit l'**esprit-de-vin**, soit l'**alcool pur**.

L'eau-de-vie est une boisson qui renferme de 50 à 60 p. 100 d'alcool; l'esprit-de-vin employé dans certaines industries en renferme de 70 à 80 p. 100.

Pour distiller on se sert d'un **alambic**. La liqueur fermentée est placée dans la **cucurbite** A, espèce de chaudière où elle est chauffée. Cette liqueur peut être considérée comme un mélange d'alcool et d'eau; l'alcool qui bout à 78° se vaporise plus vite que l'eau qui bout à 100°. Les vapeurs qui se dégagent vont se condenser dans le **serpentin** D, plongé dans l'eau froide E, et l'alcool, mélangé à une certaine quantité d'eau, tombe goutte à goutte par l'orifice du serpentin.

Une liqueur fermentée ordinaire fournit tout l'alcool qu'elle contient par l'évaporation d'un tiers de son volume total. On conçoit que si ce produit obtenu est de nouveau soumis à la distillation on obtiendra de l'alcool plus concentré; après une troisième opération, la concentration est encore plus forte, et ainsi de suite. Mais toutes ces opérations seraient longues et coûteuses; on obtient aujourd'hui de l'alcool marquant 90° à l'alcoomètre de Gay-Lussac après une seule distillation, au moyen de divers alambics perfectionnés parmi lesquels nous citerons celui de Cail.

Avant 1850 l'alcool était principalement extrait du vin par une simple distillation; mais depuis cette époque la consommation de l'alcool a plus que doublé, tandis que la production du vin a considérablement diminué; aussi a-t-on cherché à fabriquer de l'alcool avec les matières sucrées contenues dans la betterave et la mélasse, ou obtenues en traitant soit les grains, soit la pomme de terre.

Alcool de grains. — Pour la fabrication de l'alcool de grains, on emploie le seigle auquel on mêle l'orge, le maïs et quelquefois les blés avariés. Ces grains renferment une poussière blanche appelée fécule que l'on peut transformer en un sucre fermentescible nommé **glucose**. (*Expérience : Verser une faible quantité d'acide sulfurique sur un peu de fécule mise dans un verre et remuer avec un agitateur : la fécule se transforme en dextrine, puis en glucose.*)

Les grains sont concassés et jetés dans l'eau ayant une température de 50° ; on y ajoute un quart de leur poids d'orge germée, qui est riche en diastase végétale. On appelle diastase un ferment qui, pendant la germination, se développe dans la graine aux dépens des matières azotées formant le gluten. En trois heures la diastase végétale transforme toute la fécule des grains en glucose : cette opération porte le nom de *saccharification*. On laisse refroidir le liquide sucré à 15 ou 20°, et on ajoute la levûre de bière qui doit provoquer la fermentation. (*Expérience : Prendre un peu de farine et séparer la fécule du gluten. On fait un morceau de pâte assez dure qu'on laisse reposer pendant une demi-heure, et qu'on malaxe ensuite sous un filet d'eau. La fécule est entraînée par l'eau et se dépose au fond d'un vase. Au bout d'un certain temps l'eau qui passe sur la pâte ne blanchit plus ; il ne reste alors entre les doigts qu'une matière jaunâtre et élastique qui est le gluten.*)

La **levûre de bière** ou *ferment* est formée par des champignons microscopiques composés d'une seule cellule. Ces cellules se multiplient par bourgeonnement au sein du liquide et, pour se développer, elles empruntent de l'oxygène au glucose ; celui-ci se dédouble alors en alcool qui reste dans le liquide et en acide carbonique qui s'échappe. La fermentation dure quarante-huit heures ; on soutire le liquide et on distille. (*Expérience : Produire une fermentation en mettant dans un flacon muni d'un tube de dégagement une dissolution de glucose à laquelle on ajoute un peu de levûre de bière. Remarquer le développement rapide du ferment : recueillir dans une éprouvette le gaz qui se dégage ; constater enfin, à l'aide de l'eau de chaux, que cet acide est de l'acide carbonique.*)

Alcool de pomme de terre. — Les pommes de terre sont râpées et égouttées, puis mêlées avec de l'orge germée et de l'eau à la température de 50 à 55° ; au bout de trois heures la fécule de pomme de terre est transformée en glucose. On ajoute alors la levûre de bière qui provoque la fermentation alcoolique, et on distille.

Alcool de betterave. — On extrait le jus de betterave; pour cela les betteraves sont lavées, râpées et pressées comme on le faisait autrefois dans les sucreries. On ajoute à ce jus de betterave une petite quantité d'acide sulfurique. Cet acide empêche le sucre de s'altérer et le change en un sucre fermentescible. Il suffit alors d'ajouter de la levûre de bière et de distiller aussitôt que la fermentation est terminée.

Alcool de mélasse. — La mélasse est un liquide sirupeux qui reste après la fabrication du sucre; elle renferme du sucre et différents sels, en particulier des sels de potasse. Nous avons vu que c'est la présence de ces sels dans la mélasse qui empêche le sucre de cristalliser; mais ce sucre peut être transformé en sucre fermentescible, puis en alcool. Pour cela on jette dans la mélasse une petite quantité d'acide sulfurique qui produit les mêmes effets que dans le jus de betterave, puis on ajoute la levûre qui provoque la fermentation, après laquelle on exprime le jus qui doit être distillé. Quant aux pulpes, elles sont données aux bestiaux.

Les eaux-de-vie et les alcools en général, obtenus dans nos distilleries du Nord, contiennent des principes étrangers qui en font des alcools dits de **mauvais goût**; il faut les purifier avant de les livrer au commerce; on atteint ordinairement ce résultat par des distillations répétées. Le résidu de la distillation porte le nom de *vinasse*; il est concentré, desséché et calciné sur la sole d'un four à réverbère. On obtient ainsi le *salin de betterave*, dont on extrait principalement le carbonate de potasse.

HORTICULTURE

Mâches. — La mâche se sème du 15 au 30 août; semée trop tôt, elle monterait vite. Elle vient bien après les oignons. **La mâche ronde** est hâtive et peut se récolter dès la fin de novembre ; la **mâche d'Italie** est tardive et se récolte plus tard au printemps. Voir la culture au tableau page 178.

- **Asperges.** — L'asperge demande un sol profond et fertile, parfaitement défoncé et bien fumé. On creuse à 1 mètre de distance des jauges parallèles de 0ᵐ,25 de profondeur. La terre extraite est déposée entre les lignes et mélangée avec du terreau ; elle servira plus tard à couvrir les asperges. C'est dans ces jauges que l'on plantera à 70 centimètres de distance et à 5 centimètres de profondeur des griffes d'asperges d'Argenteuil de deux ans. On appelle griffes les racines charnues et ramifiées de l'asperge.

Au printemps on donne un labour à la fourche et on forme sur la place qu'occupent les asperges une butte de 40 centimètres de hauteur. Cette butte est faite en plusieurs fois afin de ne pas empêcher la chaleur de pénétrer dans le sol. On ne commencera la récolte qu'à la troisième année de plantation, encore ne faudra-t-il prendre cette année-là qu'une demi-récolte.

Pour récolter les jeunes pousses, on les découvre jusqu'au pied aussitôt qu'elles émergent de la butte et on les détache sur la griffe même.

Chaque année, avant l'hiver, on coupe les tiges à 15 centimètres de terre, et au-dessus des griffes, on ouvre une jauge dans laquelle on dépose du fumier bien décomposé. On peut encore répandre des vidanges en février.

Une plantation d'asperges peut se maintenir en bon état pendant quinze ans.

NOVEMBRE

AGRICULTURE. — Étude des terrains. — Amendements. — Drainage. — Rotation. — Conservation des racines : silos. — *Simples notions de comptabilité agricole.*

HORTICULTURE. — Le jardin. — Choix du terrain. — Disposition générale du jardin : allées, bordures, murs. — Outils de jardinage. — Abris. — Influence de la gelée sur les terres remuées.

AGRICULTURE

ÉTUDE DES TERRAINS

Les terrains agricoles présentent à la surface une couche remuée par les instruments aratoires, qu'on appelle **sol arable**; cette terre végétale repose sur le **sous-sol**. L'épaisseur du sol arable peut varier de 10 à 30 centimètres et au delà ; elle est généralement grande dans le département du Nord.

Les principales substances qui entrent dans la composition des sols arables sont : le sable, l'argile, le calcaire et l'humus.

Le **sable**, encore appelé *silice*, se présente sous forme de grains plus ou moins fins et plus ou moins blancs. Les grains de sable sont durs et rudes au toucher. La silice est souvent à l'état de silicates dans les terres. Ces silicates sont des sels qui peuvent se décomposer et produire de la silice soluble et par conséquent absorbable par les végétaux ; on la trouve surtout dans les tiges des céréales, auxquelles elle donne de la solidité. Le sable se laisse facilement traverser par l'eau ; il rend les terres plus friables et facilite l'accès de l'air et de l'eau.

L'argile est une substance blanche quand elle est pure ; mais celle que l'on trouve dans nos terres est le plus souvent jaunâtre à cause des oxydes de fer qu'elle contient ; douce au toucher, elle est très avide d'eau ; elle la retient fortement pour former une pâte qui colle aux doigts. Sous l'influence de la sécheresse, elle se contracte, se durcit et se fend.

Le **calcaire** ou *craie* est une matière blanche qu'on appelle en chimie *carbonate de chaux;* quand on le chauffe, il se décompose en *acide carbonique* qui s'échappe dans l'air et en *chaux.* La marne, la pierre à chaux sont des calcaires renfermant une plus ou moins grande quantité d'argile et de sable. (*Expérience : Mettons dans un verre un morceau de calcaire et versons dessus un acide quelconque, du vinaigre par exemple; cet acide prend la place de l'acide carbonique, qui s'échappe.*) Il existe dans certains terrains des acides qui sont toujours nuisibles à la végétation. On les fait disparaître en répandant une certaine quantité de calcaire qui se combine avec eux.

Si le calcaire est en poussière fine dans la terre, il retient bien l'eau ; s'il se présente en petits grains, il se comporte au contraire vis-à-vis de l'eau comme le sable.

L'humus, encore appelé *terreau*, est une substance noirâtre provenant de la décomposition des matières animales et végétales. Ces matières en décomposition abandonnent de l'azote, de l'acide carbonique et des sels qui servent de nourriture aux plantes.

L'humus absorbe une grande quantité d'eau qu'il retient bien ; quoi qu'il en soit, il n'adhère pas aux instruments aratoires; aussi peut-il amender tous les terrains : il diminue la compacité des terrains argileux et donne de la fraîcheur aux terrains légers.

Bien des matières minérales nécessaires à la nourriture des plantes sont encore contenues dans la terre en plus ou moins grande quantité : oxyde de fer, magnésie, etc. Un certain nombre d'entre elles, peu abondantes dans le sol, peuvent être épuisées par la culture des plantes; or il est à remarquer que si un seul des nombreux principes que la plante absorbe fait défaut, la plante en souffre.

Ces principes, que le cultivateur doit connaître pour les restituer au sol lorsqu'il en est besoin, sont : l'*azote*, l'*acide phosphorique*, la *potasse* et la *chaux*.

Des différents terrains; leurs noms; leurs caractères. — Lorsque les substances dont nous venons de parler sont mélangées dans des proportions convenables pour former un bon terrain, celui-ci prend le nom de *terre franche*.

La terre franche contient :

50 à 70 pour 100 de silice.
20 à 30   —   d'argile.
5 à 10   —   de calcaire pulvérulent.
5 à 10   —   d'humus.

La plupart des terrains d'alluvion, c'est-à-dire les sols arables formés par les dépôts des cours d'eau, sont des terres franches.

Lorsque l'une des matières qui entrent dans la composition du sol s'y trouve en trop grande proportion, elle donne son nom au terrain, et c'est ainsi qu'on appelle :

Terrain sablonneux celui qui contient plus de 70 p. 100 de sable.
  —   *argileux*   —   —   30   —   d'argile.
  —   *calcaire*   —   —   20   —   de calcaire.
  —   *humifère*   —   —   10   —   d'humus.

Si plusieurs substances dominent dans un même terrain, on nomme d'abord la substance la plus abondante; ex. : terrain sablo-argileux, argilo-calcaire, etc.

Les terres franches sont de consistance moyenne, douces au toucher, et rarement trop sèches ou trop humides.

Un grand nombre de plantes s'y développent naturellement : chicorée sauvage, saponaire officinale, etc.

Ces terrains sont très fertiles ; toutes les plantes y réussissent bien ; la betterave, la carotte, le blé en particulier y trouvent l'humidité nécessaire à leur développement pendant les fortes chaleurs de l'été.

Les **terrains sablonneux** sont rudes au toucher et d'une couleur grisâtre ou jaunâtre. Ils se laissent facilement traverser par l'eau et s'échauffent au soleil ; aussi sont-ils arides et brûlants dans les étés chauds. Les plantes n'y sont pas déchaussées par la gelée, mais elles le sont par les fortes pluies. Ces terrains sont pulvérulents ; les labours s'y donnent facilement. Parmi les plantes qui y poussent naturellement nous citerons : la bruyère, le genêt commun, la fougère femelle et la petite oseille. Toutes les plantes qui mûrissent avant les grandes chaleurs, comme le seigle, ou qui ne perdent pas beaucoup d'eau par leurs feuilles, comme la pomme de terre, réussissent bien dans les terrains sablonneux.

Les **terrains argileux** ont été formés par des dépôts au fond des eaux ; leur couleur est jaune ou rouge. Ils absorbent et retiennent bien l'eau ; c'est pourquoi on les appelle *terres humides* ou *froides.*

Après les pluies les terrains argileux sont boueux et adhèrent aux pieds et aux instruments aratoires ; lorsqu'il fait sec, ils se crevassent et durcissent de telle sorte que la charrue ne peut plus les pénétrer ; ils sont donc difficiles à labourer et justifient ainsi leur nom de *terres fortes.*

Les engrais sont bien retenus par les terres argileuses, qui sont naturellement riches en potasse et présentent l'avantage d'absorber les vapeurs ammoniacales contenues dans l'air ; aussi les désigne-t-on encore sous le nom de *terres riches.* Comme le fumier s'y décompose lentement, il convient de les fumer abondamment, mais à de longs intervalles.

Parmi les plantes qui se développent spontanément sur les terres argileuses, nous citerons le tussilage-pas-d'âne, la prêle, la potentille rampante, la chicorée sauvage.

Les terres argileuses qui ne sont pas trop humides sont nommées *terres à froment* ; elles conviennent en effet à la culture du blé. D'une manière générale on cultive dans les terrains argileux : le blé, les fèves, les vesces, le trèfle, les choux, etc.

Les **terrains calcaires** sont blanchâtres et produisent une vive effervescence avec les acides. Ils sont ordinairement secs et arides, parce qu'ils sont peu profonds et parce qu'ils reposent sur une couche de craie qui absorbe facilement l'eau des couches supérieures. En été, leur couleur blanche reflète les rayons solaires, de sorte que les plantes souffrent de la chaleur ; en hiver, les gelées les soulèvent, de là le déchaussement des plantes au printemps. Les engrais sont rapidement décomposés dans les terrains calcaires, aussi faut-il les fumer souvent et peu à la fois. La luzerne lupuline, le coquelicot, etc., poussent naturellement sur ces terrains où l'on cultive de préférence le sainfoin, le pois, l'orge, le colza.

Les **terrains humifères**, grâce à leur couleur noire, absorbent la chaleur et par conséquent s'échauffent facilement, ce qui est très favorable à la végétation.

On distingue deux sortes de terreau : le terreau doux que l'on trouve dans les terrains d'alluvion et dans les terres de jardin ; il donne une grande fertilité au sol. Le terreau acide que l'on trouve dans les terrains tourbeux, dans les marais desséchés, est loin de produire la même fertilité ; les acides qu'il renferme, et qui proviennent de la décomposition des plantes dans l'eau, coagulent, c'est-à-dire durcissent l'albumine des plantes en décomposition, ce qui en rend l'absorption difficile. On recommande l'emploi de la chaux et du phosphate de chaux dans les terrains tourbeux.

Les bruyères se développent naturellement dans les sols humifères. Toutes les cultures réussissent bien dans les terrains humifères à terreau doux. On conseille de cultiver l'avoine, les choux, le colza dans les terrains humifères à terreau acide.

Du sous-sol. — Sa nature dans le département du Nord. — On appelle sous-sol la partie du terrain qui se trouve au-dessus du sol arable. Il importe d'en connaître la composition : quand il est très argileux, le sol labouré est humide ; quand il est sablonneux, la terre arable est plutôt sèche.

M. Gosselet, dans une esquisse géologique du Nord de la France, nous renseigne sur la structure géologique de notre département.

Nous y apprenons que le sous-sol est formé en plus ou moins grande quantité par les quatre sortes de terrains :

Terrains primaires. — Tout le sud de l'arrondissement d'Avesnes, à partir de la vallée de la Sambre, est formé par les terrains primaires, qui présentent des roches très dures (pierres bleues, agaises), bouleversées par de nombreux tremblements de terre ; aussi la surface du sol présente-t-elle tantôt des rochers qui font saillie, tantôt des vallées profondément encaissées. C'est un pays pittoresque ; les pâturages y sont nombreux.

Terrains secondaires. — De la Sambre à la Lys, le sous-sol est formé par du terrain crétacé composé de différentes couches qui sont, à partir de la surface :

De la *craie en mélange avec du sable* formant une couche très perméable ;

De la *marne* ou craie mélangée à une petite quantité d'argile. La marne est imperméable par sa nature, mais elle est souvent fendillée à sa surface et se laisse alors traverser par l'eau ;

De la *marlette* contenant de la craie et de l'argile en quantités égales. La marlette est tenace et retient bien l'eau. On la mêle au charbon maigre pour en faire des briquettes combustibles ;

Des *dièves* contenant plus d'argile que de craie ; cette roche est tout à fait grasse, imperméable et sert à faire des tuyaux de drainage ;

Du *sable argileux et calcaire coloré en vert*, cette roche ressemble au tourteau, aussi l'appelle-t-on communément *tourtia ;* elle forme des chemins très mauvais en hiver.

Toutes ces couches ne sont pas horizontales ; elles sont au contraire inclinées, s'enfoncent au nord sous la mer et se relèvent au sud ; on les voit apparaître successivement à la surface du sous-sol en allant de Douai à Avesnes.

Ainsi la première et la deuxième couche (**craie mélangée de sable, et marne pure fendillée à la surface**) émergent à la Lys et viennent se terminer à peu près à Solesmes, Haussy, Saulzoir. Dans toute cette région de Lille à Solesmes, le sous-sol est perméable, les eaux s'y infiltrent, aussi on n'y rencontre guère de sources, et le terrain convient peu aux prairies naturelles; en revanche les cultures annuelles y réussissent bien.

La **marlette** imperméable se trouve dans la partie sud du canton de Solesmes et dans les cantons du Quesnoy et de Bavay. Les sources y sont nombreuses; on

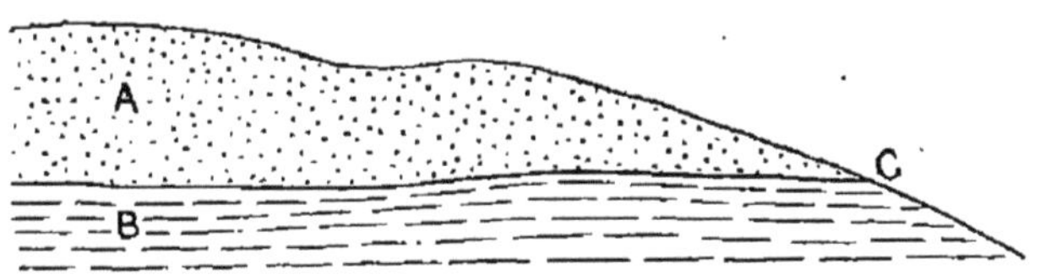

Fig. 24. — Source.

l'explique de la manière suivante : soit A (fig. 24) une couche perméable et B le sous-sol formé de marlette. L'eau de pluie, après avoir traversé la couche A, glisse sur le sous-sol B et sort de la terre en C pour produire une source. Le terrain de ces cantons conserve donc toujours une humidité favorable au développement des prairies naturelles.

Il est nécessaire, pour faire un puits, de creuser jusque dans la marlette, la marne n'étant pas suffisamment imperméable. En raison de l'inclinaison de la couche de marlette, on est loin de rencontrer partout les mêmes difficultés pour se procurer de l'eau. Un puits est chose facile à faire dans l'arrondissement d'Avesnes; aussi chaque maison y a le sien et les habitations ne sont guère agglomérées. Il n'en est pas de même dans les environs de Cambrai, où la couche de marlette s'enfonce déjà à une profondeur de 100 mètres. Un puits est coûteux, on vient bâtir autour, et les villages sont très agglomérés.

Les **dièves** se rencontrent dans les environs de Berlaimont et de Landrecies. Près de cette ville, le sol est formé d'un mètre de terre à brique reposant sur un sous-sol de dièves imperméables, de là une humidité constante favorable aux pâturages.

Le **tourtia** se trouve sur les bords de la Sambre et sur les hauteurs des environs d'Avesnes ; il renferme beaucoup de potasse et convient bien aux prairies.

Terrains tertiaires. — Les terrains tertiaires forment le bassin des Flandres entre Lille et la mer ; le bassin d'Orchies ainsi que les collines de Fontaine-au-Pire ; ils existent en de nombreux points dans l'arrondissement d'Avesnes. Ces terrains sont composés d'argile et de sable.

On exploite l'argile à Louvil et à Leforest pour faire des tuiles et des carreaux ; à Sars-Poteries l'argile est plus pure, on en fait des poteries ; on extrait le sable à Ostricourt et à Loffre.

L'argile maintient dans le sol une certaine humidité favorable aux pâturages de la Flandre et des environs d'Orchies.

Terrains quaternaires. — A une époque reculée, de fortes pluies ont raviné notre pays ; les fleuves ont débordé et ont formé des dépôts que nous trouvons principalement sur les bords de l'Escaut. Ces dépôts constituent les terrains quaternaires qui sont souvent fertiles.

Origine de la terre arable. — La terre arable s'est formée sous l'influence de l'eau, de l'air, du froid et de la chaleur.

La surface du sol était primitivement composée de différentes roches telles que le carbonate de chaux, les grès, les pierres bleues, etc. L'eau de pluie, en pénétrant ces roches, en a dissous certains principes ; sous l'action du froid l'eau d'imbibition s'est congelée et l'augmentation de volume qui s'est produite a brisé la pierre en tous sens ; au moment du dégel les morceaux se sont séparés, autrement dit cette pierre s'est délitée. D'autre part les ruisseaux, les rivières et surtout les torrents qui des-

cendent des montagnes ont détaché aussi des parcelles
de roches et se sont chargés de limon qu'ils ont déposé
dans les plaines.

L'air a concouru également à la *désagrégation* des roches surtout en se combinant à quelques-uns de leurs
éléments. Quelques-uns de ces phénomènes s'accomplis-
sent encore de nos jours.

AMENDEMENTS

Les terrains ne renferment pas toujours les proportions
convenables d'argile, de sable et de calcaire. Amender
un terrain, c'est lui procurer l'élément qui manque à sa
composition.

Les principaux amendements sont : la marne, l'argile et le sable. Le plâtre et la chaux sont des engrais qui
jouent aussi le rôle d'amendements ; nous en parlerons en
traitant des engrais.

Avant d'amender un terrain il faut en faire l'*analyse*
afin de déterminer, non-seulement la substance à employer, mais la quantité plus ou moins grande que l'on
doit ajouter.

Voici une méthode très simple d'analyse qui donne des
résultats approximatifs, suffisants dans la plupart des
cas.

On pèse une certaine quantité de terre préalablement
desséchée dans un four de poêle, soit 200 grammes ; on
la met sur une pelle ou dans une vieille casserole chauffée au rouge ; l'humus brûle, on remue, et lorsqu'on ne
sent plus d'odeur et que toutes les parties noirâtres ont
disparu, on laisse refroidir et on pèse : par différence on
a le poids de l'**humus**.

On élimine ensuite le carbonate de chaux ; pour cela,
l'échantillon étant introduit dans un bocal, on verse dessus de l'acide chlorhydrique étendu d'eau ou, à défaut,
du vinaigre ; le carbonate de chaux se dissout ; on décante, on sèche et on pèse : par soustraction on a le poids
du **calcaire**.

Le mélange d'**argile** et de **sable** qui reste est alors jeté dans un vase rempli d'eau; on agite pendant un instant, puis on laisse l'eau en repos; le sable ne tarde pas à se déposer, mais l'argile reste en suspension; on décante alors, on lave de nouveau et ainsi de suite; lorsque l'eau de lavage ne jaunit plus guère, on en conclut qu'il ne reste plus que du sable que l'on sèche et que l'on pèse.

Marne. — La marne est un calcaire d'un blanc jaunâtre contenant de l'argile. La marne qui renferme 20 à 40 p. 100 de carbonate de chaux, le reste étant de l'argile, est dite **marne argileuse;** c'est la moins estimée; elle n'est guère utile que pour donner du liant aux terres sablonneuses. La marne qui contient 50 à 80 p. 100 de carbonate de chaux est la **marne calcaire,** d'autant plus recherchée qu'elle est plus riche en carbonate de chaux. On peut la mettre sur toutes les terres pauvres en calcaire.

La marne, extraite à l'arrière-saison, est répandue sur le sol, après les céréales lorsque la terre n'a pas été labourée, dans la proportion de 45 à 50 mètres cubes par hectare. Nous savons comment, sous l'influence de l'air, de l'eau, des gelées et des dégels, cette marne va se déliter; au printemps on achève de la réduire en poussière par des hersages et des roulages, et on l'enterre légèrement par plusieurs labours. Il est à remarquer qu'un amendement ne produit de bons effets qu'autant qu'il est intimement mélangé au sol.

Le marnage ne dispense pas de fumer. Dans le Nord on marne ordinairement tous les douze ans.

Argile. — L'argile est employée comme amendement dans les terrains calcaires ou sablonneux qui n'en renferment pas assez. L'argile est très grasse et ne pourrait pas se mêler au sol si on voulait la répandre aussitôt après son extraction : on en fait des tas de 1 mètre de hauteur et de 40 centimètres d'épaisseur qui restent exposés aux influences atmosphériques pendant un ou deux ans. Au bout de ce temps l'argile se réduit en poussière; on l'incorpore au sol par des labours et des hersages successifs.

Sable. — Le sable sert à améliorer les terres argileuses; il est très friable, et c'est l'amendement le plus facile à appliquer.

Le transport des amendements est un travail considérable; on l'entreprend autant que possible en hiver et surtout par la gelée.

DRAINAGE

L'eau est indispensable à la végétation; non-seulement elle dissout les sucs nutritifs et les introduit dans le corps des plantes, mais elle leur fournit encore ses propres éléments : hydrogène et oxygène. Elle est aussi nécessaire à la germination des graines et à la décomposition des engrais. Il ne faut pas cependant qu'elle soit trop abondante, car elle empêcherait l'arrivée de l'air dans le sol et deviendrait un obstacle à la décomposition des engrais et à la nutrition des plantes. Dans les terrains trop humides, la végétation commence tard au printemps et finit de bonne heure à l'automne ; les labours sont pénibles, les mauvaises herbes nombreuses et les grains souvent y pourrissent.

On enlève l'excès d'humidité contenue dans les terres cultivées au moyen de tuyaux souterrains; cette opération porte le nom de drainage. On ne doit pratiquer le drainage que lorsqu'il est nécessaire. Il y a des terrains qui, sans être de nature imperméable, sont devenus humides par suite d'un tassement des terres : un labour de défoncement suffit pour les assainir.

Mais le drainage est très utile lorsque l'humidité surabondante est due à l'imperméabilité du sous-sol. Il faut alors lever le plan du champ à drainer, en opérer le nivellement, puis déterminer la direction des drains.

Les drains sont des tuyaux poreux en poterie grossière ; on les divise en **drains ordinaires** dont le diamètre est de 4 à 5 centimètres sur 30 centimètres de longueur, et en **drains collecteurs**, à peu près de même longueur et ayant un diamètre de 6 à 10 centimètres.

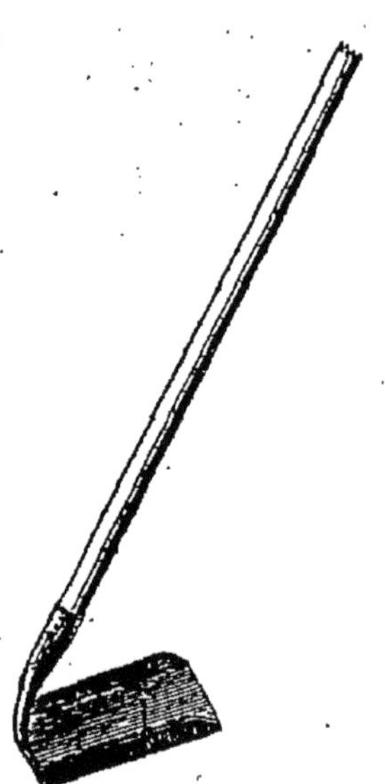

Fig. 25. — Pelle à puiser pour vider les drains.

Les drains ordinaires sont généralement disposés en lignes parallèles dans le sens des plus grandes pentes du terrain ; la distance qui les sépare est de 8 à 15 mètres et la profondeur à laquelle on les enterre varie de $0^m,75$ à un mètre. Plus le terrain est humide, plus les drains sont rapprochés et moins ils sont enterrés profondément.

Les drains collecteurs se trouvent dans les parties les plus basses du champ aB, Gf(fig. 27)et reçoivent l'eau des drains ordinaires pour la conduire dans les ruisseaux ou fossés. La pente de tous les drains doit être au moins de 2 millimètres par mètre.

Pour enterrer les drains on creuse des tranchées aussi étroites que possible en employant des bêches spéciales de différentes largeurs, et des pelles à puiser (fig. 25). On établit la pente en aplanissant convenablement le fond des tranchées ; puis on pose les tuyaux tantôt bout à bout, tantôt en les reliant au moyen d'un *manchon ;* on appelle *manchon* une por-

Fig. 26. — Conduits munis de manchons.

tion de tuyau dans laquelle on fait entrer deux extrémités de drains (fig. 26). On comble ensuite les fossés en prenant d'abord la terre du sous-sol et en remettant à la surface la terre arable.

A certains endroits il convient d'établir des **regards** pour s'assurer du fonctionnement des drains. Les extrémités des drains collecteurs qui débouchent dans les fossés sont garnies de grilles en fer pour empêcher les petits animaux de pénétrer dans les canaux de drainage.

L'eau qui se trouve en excès dans la terre s'égoutte dans les tuyaux par les pores et s'écoule vers les fossés. Le drainage d'un hectare coûte environ 200 francs ; il présente les avantages suivants :

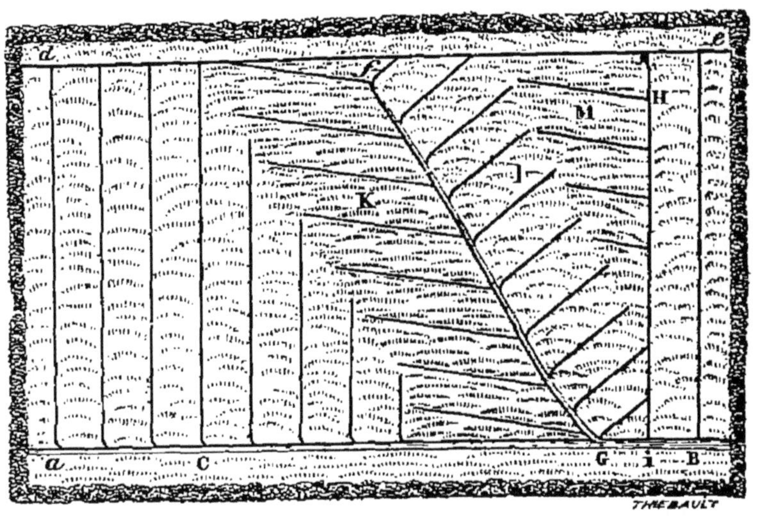

Fig. 27. — Divers systèmes de drainages complets réunis sur le même terrain.

1° Les terres drainées sont plus faciles à labourer ; on peut les ensemencer plus tôt, au printemps, et plus tard, en automne.

2° Elles sont moins humides en hiver et moins sèches en été. Pendant les périodes de sécheresse, en effet, l'eau, par capillarité, monte des drains à la surface du sol. (*Expérience : Tremper un morceau de sucre blanc dans un liquide coloré : le liquide s'élève jusqu'à la partie supérieure du morceau de sucre par capillarité.*)

3° La température des terres drainées est plus élevée que celle des terres qui ne le sont pas, car l'eau qui séjourne à la surface des terres non drainées devient, en s'évaporant, une cause de refroidissement : aussi les

plantes mûrissent-elles plus tôt sur les terres drainées.
(*Expérience : Verser sur le dos de la main quelques gouttes
d'un liquide qui s'évapore rapidement : éther, sulfure de
carbone, alcool; il se produit une vive impression de froid
due à l'évaporation du liquide.*)

ROTATION

L'expérience a montré que si l'on cultive une même
plante pendant plusieurs années de suite dans le même
terrain, les rendements décroissent sans cesse. Il est donc
nécessaire que les plantes se succèdent suivant un certain ordre dans le même champ. Dans notre pays on cultive ordinairement la betterave, puis le blé, le trèfle et
enfin l'avoine, et l'on recommence ensuite ces cultures
dans le même ordre; cet ordre de succession des plantes
dans le même terrain porte le nom de *rotation*. Voici
diverses considérations qui doivent guider le cultivateur
dans le choix d'une rotation.

Après les plantes à *longues racines* qui vont chercher
leur nourriture profondément dans le sol, on cultive une
plante à *racines courtes* qui se nourrit dans la partie
superficielle du sol. Exemple : Après le trèfle on cultive
le blé.

Après les plantes qui laissent croître les mauvaises
herbes et qui sont dites pour cela *salissantes*, on cultive
les *plantes nettoyantes*, ainsi appelées, soit parce qu'elles
demandent des binages comme la betterave, soit parce
qu'elles étouffent les mauvaises herbes comme l'hivernage.

Les plantes n'absorbent pas dans le sol les mêmes
principes dans les mêmes proportions. Après les céréales
qui demandent des engrais principalement riches en
azote et en phosphate, on cultive les légumineuses
(trèfle, sainfoin, fève), qui recherchent surtout la potasse.

Les récoltes doivent se succéder de telle façon que
la terre offre à chacune d'elles le *maximum de fertilité*,
c'est-à-dire la quantité d'engrais nécessaire pour obtenir
une récolte abondante. En effet, que les récoltes soient

complètes ou incomplètes, la plupart des frais de culture sont les mêmes ; un léger surcroît d'engrais donne un rendement maximum et assure les bénéfices.

Il ne faut pas cependant que ce maximum de fertilité soit dépassé, surtout s'il s'agit de la culture des céréales. Nous verrons au chapitre des engrais une comptabilité simple qui permettra de déterminer ce maximum de fertilité.

Chaque plante a ses *insectes nuisibles* qui se multiplieraient considérablement si on la cultivait trop souvent sur le même sol. La betterave est attaquée par l'atomaire linéaire et le sylphe opaque ; le blé, par la larve du taupin, les crucifères, par l'altise et le puceron, etc. Grâce à la rotation, ces insectes se trouvent souvent en présence de plantes qui ne peuvent pas les nourrir et ils meurent de faim.

La rotation étant établie, les terres de la ferme doivent être divisées en autant de parties, appelées *soles*, qu'il y a de plantes à cultiver ; de la sorte, chaque année le cultivateur récoltera toutes les plantes qui entrent dans la rotation : c'est ce qu'on appelle l'**assolement**.

Dans le Nord les cultivateurs de la moyenne culture ne font pas cette division. Une rotation spéciale est plutôt choisie pour chaque parcelle de terre. Les principes suivants seront cependant observés avec profit :

1° Les terres de la ferme doivent *recevoir* une certaine fumure ; si elles sont en bon état, on en cultivera la moitié en plantes fourragères qui seront consommées par le bétail de la ferme, afin de produire le fumier nécessaire à toutes les terres. On pourrait faire une exception à cette règle s'il était possible de se procurer des engrais à bon marché.

2° On ne produira que les récoltes réussissant bien dans le sol et le climat du pays et dont il sera possible de tirer un parti avantageux.

3° Les plantes industrielles qui demandent beaucoup d'engrais, comme la betterave par exemple, seront cultivées en plus ou moins grande quantité selon l'abondance des engrais et le capital d'exploitation dont on peut disposer.

Voici quelques exemples d'assolements suivis dans le Nord :

Betteraves fumées.	Betteraves fumées.	Betteraves fumées.
Blé d'hiver.	Blé.	Blé.
Trèfle.	Trèfle.	Pommes de terre avec
Blé ou avoine.	Blé.	demi-fumure.
	Colza avec demi-fumure.	Avoine.
	Céréales.	Trèfle.

CONSERVATION DES RACINES : SILOS

Les substances végétales, comme les substances animales, se décomposent sous l'influence des trois éléments : l'air, la chaleur, l'humidité ; il suffit de les priver d'un seul de ces éléments pour les conserver. Il est facile de comprendre que les racines ne peuvent pas être privées d'air ; on tâche donc de les préserver de la chaleur et de l'humidité. Leur conservation se fait dans les caves ou dans les silos.

Lorsque les tas de racines dans les caves doivent être considérables, on recommande, pour favoriser le renouvellement de l'air, de placer verticalement dans leur intérieur des fagots tous les 2 mètres et d'ouvrir les soupiraux quand il ne gèle pas très fort.

Les silos (fig. 28), surtout ceux qui sont destinés à la conservation des pommes de terre et des carottes, ne doivent pas être profonds, car alors les racines s'échauffent et pourrissent. Dans un sol bien sec on creuse une fosse profonde au plus de $0^m,50$, large de $1^m,60$ et d'une longueur indéterminée. On la remplit de racines sèches et l'on élève le tas à une hauteur de $0^m,80$ au-dessus du sol. On recouvre d'une couche de terre de 30 centimètres d'épaisseur ; on emploie d'abord la terre extraite de la fosse, puis celle que l'on obtient en creusant à $0^m,50$ du silo une rigole profonde de $0^m,60$ et dont le fond, un peu en pente, conduit les eaux en un point assez éloigné du silo. La terre qui recouvre les racines est battue pour que l'eau coule le long des deux pentes et arrive dans les fossés. Tous les 4 mètres on place oblique-

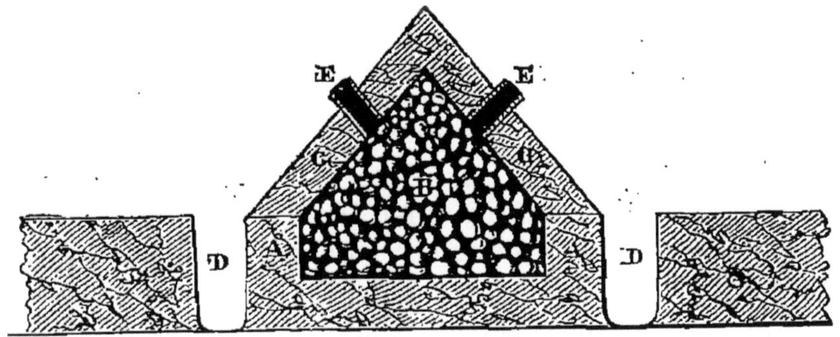

Fig. 28. — Silo à base enterrée.

ment des tuyaux de drainage qui permettent la circula-tion de l'air et l'évacuation de la chaleur déterminée par la fermentation des racines.

L'usage de petites bottes de paille ou de tiges d'œil-lette que l'on emploie pour remplacer les tuyaux est à rejeter ; les gouttes de pluie glissent le long des tiges et descendent dans le silo.

SIMPLES NOTIONS DE COMPTABILITÉ AGRICOLE

La comptabilité agricole consiste à prendre des notes sur les diverses opérations de la culture. Elle permet au cultivateur de connaître une fois l'an l'état exact de sa fortune et de se renseigner sur les causes de pertes et de bénéfices.

Cette comptabilité n'est guère tenue dans nos fermes de la moyenne et de la petite culture ; nous allons indi-quer une comptabilité extrêmement simple qui peut rendre cependant de réels services.

Un seul cahier cartonné ordinaire suffira ; il sera plus ou moins gros suivant l'importance de la ferme. On commencera par y mettre l'inventaire qui se fait ordi-nairement en janvier. Le cultivateur inscrit d'abord tout ce qu'il possède en évaluant chaque chose selon son état de conservation ; il établit ainsi son **actif** qui comprend : le *capital foncier* (habitation, terres) et le *capital d'exploitation* (mobilier, instruments de culture, bétail, basse-cour, denrées à vendre ou à consommer, fumiers, engrais, récoltes en terre, argent en caisse, créances). De la somme ainsi obtenue le cultivateur retranche son **passif**, c'est-à-dire le montant de ses *dettes*, et il obtient ainsi sa fortune exacte.

Le cahier contiendra ensuite les comptes suivants : caisse, débiteurs, créanciers, magasin, bétail, cultures, personnel, ménagère.

Tous ces comptes seront disposés sur deux pages placées en regard l'une de l'autre ; sur la page de gauche on inscrira les dépenses et sur la page de droite les recettes, les produits, etc.

Compte de caisse.

Dépenses :   *Recettes :*

Janv.	2	Payé au maréchal sa facture.	280f		Janv.	1	Reste en caisse.	800f
Id.	4	Une paire de souliers......	18		Id.	6	Reçu de Basuyau pour 20 hectolitres de froment.......	399

Tous les mois, et si on le veut toutes les semaines, on obtient l'état de la caisse en faisant la balance. De cette manière, il n'est pas possible de commettre d'erreur dans la manipulation des fonds sans s'en apercevoir.

Compte des débiteurs.

Il m'est dû par :   *Il m'a été payé par :*

Oct.	12	Cavros, pour un cheval........	600f		Janv.	8	Cavros, en acompte sur le cheval vendu.	250f
Nov.	13	Delannoy, pour 150,000 kilogr. de betteraves.	3,150		Id.	15	Delannoy, pour 150,000 kilogr. de betteraves.	3,150

Compte des créanciers.

J'ai payé à :					*Je dois à :*			
Janv.	6	François, pour 10 hectolitres de pommes de terre à 9 fr...	90ᶠ		Janv.	12	Hérin, pᵣ achat d'une charrue.	60ᶠ
Id.	15	Guidez, charron, sa facture	195		Févr.	3	Joffres, pour 300 kilog. de tourteau de colza.	42

En faisant la balance des trois comptes qui précèdent, le cultivateur peut, à un moment quelconque de l'année, se renseigner sur sa situation pécuniaire.

Compte de magasin.

On y inscrit l'entrée et la sortie de toutes les denrées produites dans la ferme ou achetées au dehors. Ce compte indique combien il est consommé, dans la ferme, d'avoine, de paille, de foin, etc., par jour, par semaine et par mois, et quelle quantité de ces produits l'on peut vendre.

Il est entré :					*Il est sorti :*			
Juill.	4	2 voitures de luzerne.......	6,000ᵏ		Oct.	1	20 kil. de luzerne par jour, soit pour sept.	600ᵏ
Id.	12	Tourteau de colza........	600		Id.	id	30 kil. de paille par jour, soit pour septemb.	900

Compte du bétail.

Ce compte est presque impossible à établir ; cependant on peut obtenir des chiffres approximatifs en inscrivant pour chaque catégorie d'animaux (chevaux, bœufs, vaches, moutons, etc.), d'une part ce qu'ils consomment : paille, foin, etc., et d'autre part ce qu'ils produisent : fumier, travail, lait, laine, etc.

Compte des cultures.

Ces comptes permettent d'apprécier d'une manière assez exacte le profit que peuvent donner les différentes cultures.

Betteraves.

Dépenses :			Produit :	
Sur une étendue de 1 hectare de terrain, 60,000 kil. de fumier dont la moitié est absorbée, à 8 fr. les 100 kil. rendus sur le terrain............	240ᶠ	»	Rendement : 40,000 kil. de betteraves marquant 6°,5 au densimètre, à 25ᶠʳ,50 les 1,000 kil.............	1,020ᶠ
300 kil. de nitrate de soude à 22 f. les 100 k.	66	»		
600 kil. de tourteau à 14 fr. les 100 kil....	84	»		
3 labours à 30 fr......	90	»	Les bénéfices par hectare s'élèvent à :	
5 hersages à 3 fr......	15	»		
3 roulages à 2 fr......	6	»		
18 kil. de semence à 0ᶠʳ,75 le kil..........	13	50	1,020ᶠ — 698ᶠ 50 = 321ᶠ 50	
Ensemencement........	5	»		
3 binages à 18 fr......	54	»		
Récolte...............	45	»		
Transport de 40,000 kil. de betteraves à 2 fr. les 1,000 kil........	80	»		
Total........	698ᶠ 50			

La proportion d'engrais absorbée par chaque récolte est difficile à fixer ; certains agronomes établissent leurs calculs sur l'analyse chimique de la plante (nous donnerons cette analyse au chapitre des engrais); d'autres attribuent simplement la moitié des dépenses de fumier à la récolte directement fumée et le reste aux deux récoltes qui suivent. Quant aux engrais supplémentaires tels que guano, tourteaux, superphosphate de chaux, on admet qu'ils doivent être payés complètement par la récolte fumée.

Nous donnerons un seul exemple de compte de culture ; tous les autres du reste lui ressemblent.

Compte du personnel.

On y inscrit d'un côté les journées de travail et de l'autre les salaires payés.

Compte de la ménagère.

La ménagère inscrit les dépenses du ménage ; c'est elle qui tient note des quantités de lait, de beurre et de fromage vendus ou consommés dans la ferme ; elle établit aussi un compte pour la basse-cour où elle inscrit d'un côté les dépenses faites pour la nourriture des animaux, et de l'autre les recettes obtenues par la vente ou la consommation des produits. Le résumé de ces comptes est porté chaque mois sur le livre de caisse de la ferme.

HORTICULTURE

LE JARDIN — CHOIX DU TERRAIN. DISPOSITION GÉNÉRALE DU JARDIN : ALLÉES, BORDURES, MURS.

Le jardin peut offrir de grandes ressources aux habitants du village. Il est bon de connaître la manière de l'installer et de le cultiver pour lui faire donner les meilleurs produits.

Le jardin ne sera situé ni dans une vallée humide, ni dans un endroit trop élevé, et il devra autant que possible être abrité naturellement contre les vents du nord et de l'ouest.

Le terrain doit être de consistance moyenne, riche en humus ; s'il n'en est pas ainsi, on l'amendera, suivant sa nature, avec de l'argile, du sable, des plâtras, des débris de démolition, des balayures de rue longtemps conservées en tas, etc. Si le jardin est trop humide, ce qui nuit davantage aux arbres qu'aux légumes, on peut l'assainir par un drainage.

Le jardin doit être plus ou moins grand suivant le nombre de personnes à nourrir dans la famille ; 8 à 10 ares suffisent en général. Il sera entouré de murs ayant au moins $2^m,50$ de hauteur, bien rejointoyés et blanchis à l'intérieur du jardin. Si le jardin a la forme d'un rectangle, il est bon que les murs les plus longs soient dirigés du sud au nord ; mais s'il a la forme d'un carré, la direction des angles vers les quatre points cardinaux sera une disposition heureuse : on aura ainsi pour toutes les murailles des expositions mixtes excellentes. A défaut de murs, on emploiera les planches goudronnées qui permettent encore la culture des espaliers ; enfin, quand on voudra recourir à une clôture économique et durable,

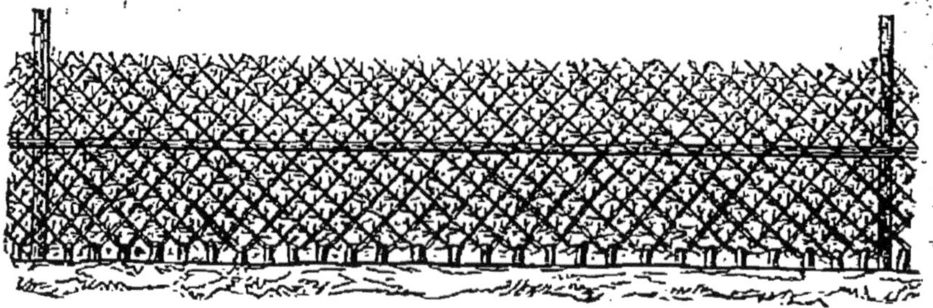

Fig. 29. — Haie croisée, vers la fin de sa quatrième année
de plantation.

on plantera une haie croisée d'aubépine (fig. 29). Les pieds d'aubépine sont à 0^m,10 de distance. Entre cour et jardin, ou entre jardins voisins on plante des haies fruitières auxquelles on donne la disposition précédente, les pieds étant espacés de 0^m,50.

On doit cultiver dans le jardin des légumes, des arbres fruitiers, et quelques plantes d'ornement. Dans ces conditions, ce qu'il y a de mieux à faire, c'est de diviser le jardin, soit 8 ares, en trois parties inégales pour former un potager de 4 ares, un jardin fruitier de 2 ares 50 et un jardin d'agrément de 1 are 50 (voir le plan n° 1). Les plates-bandes 1, 2, 3, 4, 5, 6 et la corbeille 7 sont destinées à la culture des fleurs ; les plates-bandes AB, CD, EF servent à la culture des arbres fruitiers, et le reste du terrain forme le potager. En effet, toutes ces plantes cultivées en mélange se nuisent réciproquement ; les labours et les arrosages donnés au potager font plus ou moins de tort aux arbres fruitiers, et le jardin n'offre pas un bel aspect.

Mais beaucoup de propriétaires de petits jardins ne

veulent pas faire de jardin fruitier spécial, ce qui réduit considérablement les dimensions du potager, et ils cultivent ensemble les arbres fruitiers et les légumes. Nous conseillons alors d'adopter la disposition indiquée par le plan n° 2. En AB, CD, EF, GH, on installe des contre-espaliers, et en BB', DD', EE', GG' on plante des colonnes ; ces formes tiennent peu de place et font peu d'ombrage. Plantés dans le potager, ces arbres ne manquent

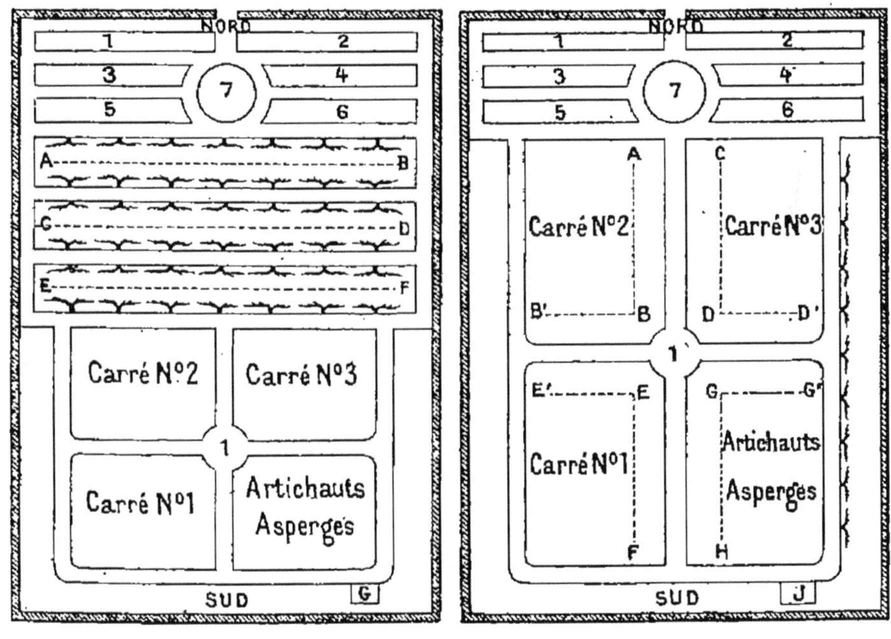

Plan n° 1.   Plan n° 2.

pas de lumière, et l'on peut obtenir d'excellents résultats si l'on a soin de cultiver auprès d'eux des légumes peu élevés et ne demandant pas d'arrosements : ail, échalote, oignon, etc. On ne béchera pas autour des arbres dans un rayon de 50 centimètres. Enfin, lorsque le jardin sera très petit, on se contentera de l'entourer d'un sentier placé à un mètre de la muraille ou contre la haie. A l'entrée du jardin on pourra établir une plate-bande destinée à la culture des fleurs, et tout le reste du terrain sera divisé en planches dans lesquelles on cultivera les légumes. Les arbres fruitiers seront disposés en espaliers le long des murs, ou, à défaut, en colonnes le long du sentier.

Les allées du jardin auront de 0ᵐ,70 à 1 mètre de largeur ; elles seront ordinairement sablées ou cendrées.

Les plantes qui servent le plus souvent de bordures aux allées sont, dans le jardin potager : le thym, l'oseille, le fraisier ; et dans le jardin d'agrément, le buis, le lierre commun, le gazon d'Espagne, la saxifrage à cinq doigts.

Outils de jardinage. — Les outils de jardinage indispensables sont :

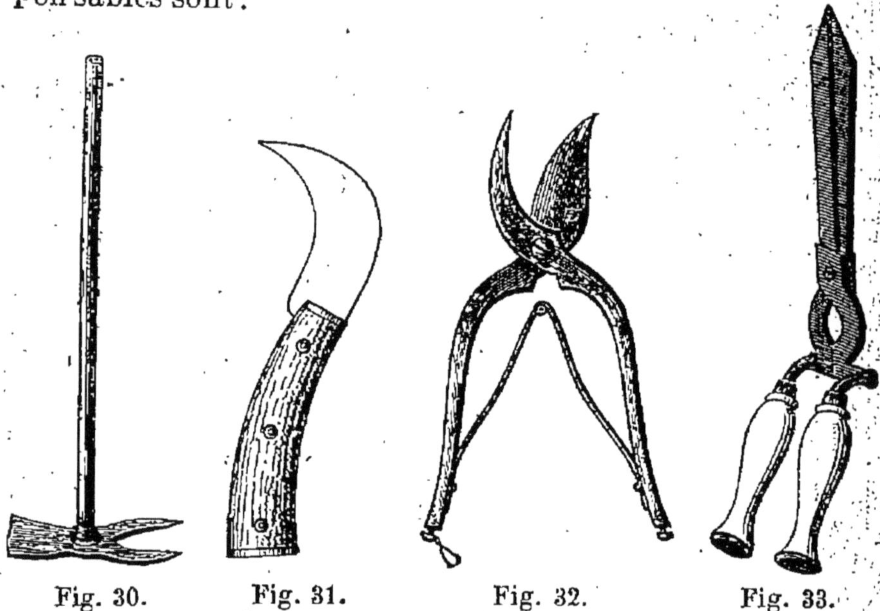

Fig. 30.   Fig. 31.   Fig. 32.   Fig. 33.
Serfouette.   Serpette.   Sécateur.   Ciseaux à tondre.

Pour la culture du potager : une **bêche**, une **houe**, une **rasette**, un **râteau**, une **fourche à trois dents**. On trouve les instruments qui précèdent fabriqués en acier, et ils présentent alors l'avantage d'être tout à la fois légers et solides. Il faut encore : une **serfouette** (fig. 30), cet instrument porte d'un côté un fer de rasette et de l'autre une petite fourche dont on se sert pour ameublir la terre entre les plantes ; un **rayonneur** pour semer en lignes ; ce n'est autre chose qu'un grand râteau à quatre ou cinq dents mobiles que l'on peut placer à la distance convenable; une **brouette à coffre**, un **plantoir**; un **déplantoir**, un **cordeau** avec ses deux piquets, un ou deux **arrosoirs**, deux petites **planchettes** munies de courroies que l'on passe aux pieds comme des sabots et qui servent à tasser la terre, des **paillassons** et quelques **cloches** en verre.

Pour la culture du jardin fruitier : la **serpette** (fig. 31) qui sert à faire des coupes nettes, à rafraîchir les plaies faites par la scie ou le sécateur; le manche sera assez

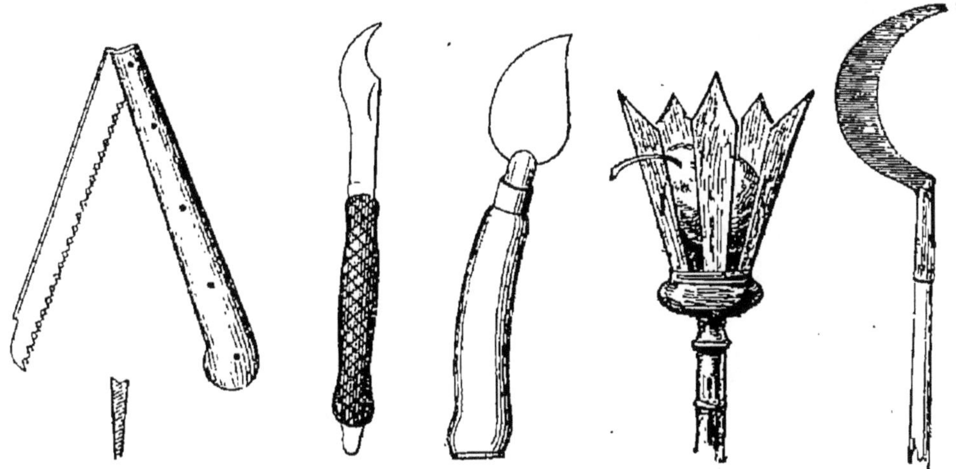

Fig. 34.
Scie égohine.

Fig. 35.
Greffoir.

Fig. 36.
Couteau
à greffer.

Fig. 37.
Cueille-fruit.

Fig. 38.
Croissant.

gros et tiendra bien dans la main; — le **sécateur** (fig. 32) qui sert principalement à tailler les branches fruitières; la lame tranchante ne doit pas être grande et doit pouvoir se remplacer; — la **scie égohine** ou scie à main (fig. 34), dont on se sert pour couper les gros sujets ou les grosses branches; — le **greffoir** (fig. 35), qui sert à écussonner et à préparer toutes les greffes; — le **couteau à greffer** (fig. 36), qui permet de fendre partiellement le sujet; — un **cueille-fruit** (fig. 37).

Nous ajoutons les **ciseaux à tondre** (fig. 33), et le **croissant** (fig. 38) nécessaires pour entretenir les haies.

Abris. — Les abris protègent les plantes du jardin contre les vents violents, le froid ou l'ardeur du soleil.

Les murailles, les haies, les bâtiments et les arbres situés dans le voisinage brisent le vent, et l'empêchent d'occasionner de grands dégâts dans nos jardins.

La gelée détruit certaines plantes en congelant la sève qui se trouve dans les vaisseaux : cette sève augmentant de volume désorganise les tissus, qui ne tardent pas à se décomposer. Les effets de la gelée sont d'autant plus funestes qu'ils se font sentir tard au printemps, lorsque le soleil est déjà assez chaud pour produire un brusque dégel; c'est l'époque de la lune rousse à laquelle on attribue à tort les dégâts causés par les changements subits de température. La neige protège admirablement les petites plantes contre le froid ; elle renferme beaucoup d'air, qui est un mauvais conducteur de la chaleur. Pour préserver les plantes contre le froid on se sert encore de paille courte, de feuilles mortes, de fumier, de paillassons, etc. On protège les écussons de rosiers en les couvrant de terre.

Au printemps, de mars à mai, on abrite les arbres fruitiers en espaliers qui fleurissent de bonne heure (abricotiers, pêchers, etc.), au moyen de petits paillassons ou de planches posées sur de petites barres de fer scellées dans la muraille (fig. 39); l'on fait encore usage de rideaux en

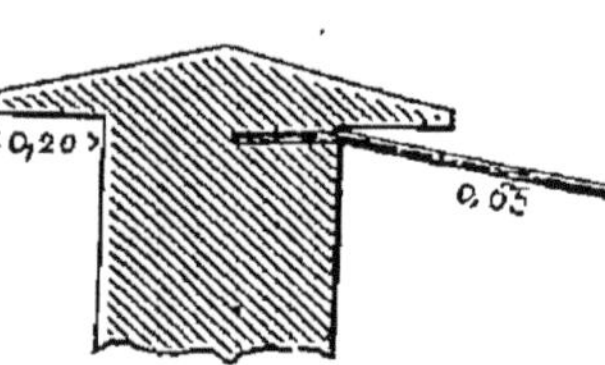

Fig. 39. — Mur.

toile grossière que l'on tire chaque soir devant les arbres fruitiers et que l'on ôte le matin. En été, on protège contre les ardeurs du soleil les boutures que l'on fait à cette époque ainsi que les plantes récemment repiquées, soit au moyen de branches garnies de feuilles repiquées entre les plantes, soit au moyen de paillassons, de tuiles, etc.

Influence de la gelée sur les terres remuées. — La gelée délite les terres, c'est-à-dire les réduit en poussière ; il est donc bon de labourer en grosses mottes avant l'hiver toutes les terres compactes et en particulier les terres argileuses. Les larves d'insectes et les insectes en général étant ramenés à la surface du sol sont ainsi exposés aux rigueurs du froid, ce qui peut les faire périr.

DÉCEMBRE

AGRICULTURE

ZOOTECHNIE

D'après l'étymologie, la zootechnie (g. *zôon*, animal, et *technê*, art) est l'art d'exploiter les animaux pour en retirer le plus de bénéfices possible; mais il convient d'ajouter que son étude repose sur les données de la science et en particulier de la zoologie.

Le cultivateur a intérêt à produire et à nourrir beaucoup d'animaux domestiques. Depuis longtemps, en effet, le blé n'augmente pas de prix; d'une manière générale, il n'en est pas de même de la viande que les populations consomment dans des proportions de plus en plus considérables. Le bétail du reste est indispensable dans une ferme pour produire le fumier au meilleur marché possible. En effet, d'une bonne fumure dépend l'abondance de la récolte; l'intérêt du cultivateur exige donc qu'il produise beaucoup de fumier et à bas prix; il arrive à ce résultat par l'exploitation intelligente des animaux domestiques.

Des méthodes d'exploitation. — Il y a plusieurs manières d'exploiter les animaux domestiques. Dans la première on nourrit les femelles pour la production des jeunes; dans la deuxième on achète de jeunes animaux qui augmentent de valeur durant leur période d'accroissement; et dans la troisième on entretient les animaux adultes pour la production de la force motrice, du lait, de la viande ou de la laine. Les pâturages sont nécessaires au succès des deux premiers modes d'exploitation; ils sont surtout usités, pour le nord, dans les arrondissements d'Avesnes et d'Hazebrouck.

Le cultivateur n'oubliera jamais qu'il doit surtout produire; on ne trouvera donc dans la ferme que des animaux en période de croissance et qui par conséquent augmentent sans cesse de prix. Arrivés à l'âge adulte, ou peu de temps après, ils sont vendus soit pour être consommés, soit pour être utilisés dans l'industrie.

Fonctions économiques des animaux. — Les animaux d'une ferme peuvent être rangés en deux catégories. Les uns sont utilisés pour labourer les terres, transporter les récoltes, etc., ce sont les **animaux de travail**; les autres consomment du fourrage et produisent du fumier, de la laine, de la viande, du lait : ce sont les **animaux de rente**, ils sont aussi indispensables que les précédents dans la ferme où l'on doit faire du fumier en abondance.

Les circonstances qui déterminent le choix des animaux sont relatives à la qualité du sol, aux débouchés qu'offre le pays, aux aliments importés, aux ressources pécuniaires et aux aptitudes personnelles du cultivateur.

DES RACES D'ANIMAUX DOMESTIQUES — MOYENS DE LES AMÉLIORER

On appelle **espèce** un groupe d'individus semblables qui se reproduisent indéfiniment avec les mêmes caractères; exemples : les espèces chevaline, bovine, etc.

Lorsque dans une même espèce on distingue un certain nombre de sujets présentant quelques caractères particuliers héréditaires, ils forment ce qu'on appelle une **race**. Ainsi dans l'espèce bovine on trouve la race flamande, la race hollandaise, etc. Les races se sont d'abord formées sous l'influence du climat et du sol. La vache flamande doit sa grande taille, son volume considérable et son aptitude à produire le lait, au climat tempéré et à la nourriture abondante qu'elle trouve dans les prairies naturelles et artificielles du nord de la France. Lorsque les pâturages sont moins gras et que le pays manque de calcaire, les races sont beaucoup plus petites, exemple celles du midi de la France.

Nous comprenons donc qu'il n'est pas prudent d'importer une race dans un pays avant de s'être assuré qu'elle y trouvera toutes les conditions nécessaires à son développement. Mais s'il est quelquefois dangereux de faire venir d'un autre pays des races tout améliorées, en revanche le cultivateur peut toujours travailler à l'amélioration des races qu'il trouve dans son propre pays.

Disons d'abord qu'améliorer une race c'est développer chez les animaux une aptitude naturelle telle que la force musculaire, la production du lait ou encore l'assimilation, c'est-à-dire cette propriété que possèdent les animaux, à un degré plus ou moins élevé, de transformer la nourriture en chair; ajoutons que le développement d'une aptitude spéciale se fait au détriment de toutes les autres. En Angleterre, les races ont été considérablement améliorées dans ce sens, et l'on trouve une race bovine, la race Durham, exclusivement élevée pour la production de la viande. Approprier ainsi chacune des races à un genre unique d'emploi est, dit M. Sanson, professeur à l'École d'agriculture de Grignon, une erreur économique fondée sur des apparences trompeuses. On a en effet reconnu qu'il y avait profit à utiliser plusieurs fonctions économiques dans une race; c'est ainsi que dans notre pays les bœufs sont employés comme producteurs de force pendant leur période de croissance seulement, et sont vendus à l'engraisseur lorsqu'ils ont atteint leur complet développement. Dans le même ordre de faits, on observe que la vache laitière doit pouvoir s'engraisser et fournir un certain poids de viande, lorsqu'elle ne donne plus de lait.

L'amélioration d'une race consiste donc dans le développement d'une aptitude naturelle, sans cependant que ce développement nuise considérablement aux autres fonctions.

Le cultivateur a, pour améliorer les races, deux moyens principaux à sa disposition : 1° les influences hygiéniques, 2° l'hérédité.

1° **Influences hygiéniques**.

Les influences hygiéniques ont trait à la nourriture, au logement des animaux, aux méthodes de gymnastique fonctionnelle.

La *nourriture* saine et abondante doit être appropriée au tube digestif et à l'âge de l'animal. Nous reviendrons sur cette question.

Les **écuries** et les **étables** doivent être suffisamment grandes, bien aérées et tenues proprement. L'écurie doit avoir environ 4 mètres de hauteur, 4 mètres de largeur et chaque cheval doit y trouver un espace minimum de 1^m,75 sur la longueur. Le pavé, ordinairement en briques très cuites reliées par un mortier imperméable, présentera une pente de 2 centimètres par mètre pour l'écoulement des urines qui se rendent dans une citerne. Dans le plafond, qui sera en briques, s'ouvriront des cheminées d'appel pour l'assainissement de l'air; enfin des ouvertures garnies de trappes affleurant le plafond des deux côtés de l'écurie permettront de renouveler l'air lorsque la température sera trop élevée.

Les étables doivent être disposées comme les écuries; une longueur de 1^m,50 suffit pour une vache. Les planchers en fourrage sec ou en paille, reposant sur quelques perches appuyées sur les poutrelles, produisent beaucoup de poussière, ce qui ne peut que nuire à la santé des bestiaux,

Les **bergeries** et les **porcheries** doivent être également aérées, propres et suffisamment grandes.

Méthode de gymnastique fonctionnelle. — Il faut, avons-nous dit, pour améliorer une race, développer en elle une aptitude ou fonction : production du lait, assimilation, force musculaire; on obtient ce résultat par l'exercice intelligent de l'organe qui produit la fonction.

Gymnastique de la lactation. — D'après ce qui précède nous remarquerons par exemple que la vache flamande doit en partie ses qualités de bonne laitière à ce qu'elle est exploitée dans un pays de population dense où l'on a besoin d'une grande quantité de lait. C'est parce qu'elle a été traite souvent que son aptitude à la production du lait s'est développée.

Gymnastique de la digestion. — Lorsque l'on veut obtenir l'aptitude à l'engraissement, c'est le tube digestif qu'il faut développer, parce que c'est lui qui transforme les aliments et les rend assimilables. Pour opérer ce développement chez les animaux on leur donne, en abondance, de bon lait d'abord, puis une nourriture appropriée à leur âge. Ils sont enfermés dans des compartiments suffisamment aérés, mais peu grands, et ils y vivent dans la tranquillité et l'inaction; toute la nourriture qu'ils prennent profite au corps. On forme ainsi des animaux qui atteignent vite le maximum de leur développement, ce que l'on constate d'ailleurs à l'inspection de leur dentition qui est alors complète avant l'âge ordinaire. On dit que ces animaux ont de la **précocité** ou une *maturité précoce;* ils digèrent une grande proportion de leurs aliments.

Gymnastique de la locomotion. — Les effets de cette gymnastique sont connus depuis longtemps : elle développe les muscles et accroît la capacité de la poitrine, ce qui prévient l'essoufflement de la bête; elle contribue aussi à rendre les os plus longs et plus gros. Les exercices seront gradués, mais jamais poussés jusqu'à la grande fatigue qui affaiblirait le corps au lieu de le fortifier.

La gymnastique de la locomotion appliquée aux chevaux a produit le cheval anglais destiné aux courses plates, lesquelles ne présentent aucun intérêt pratique en raison de leur courte durée. Si nous parlons du cheval anglais, c'est pour donner un exemple frappant de ce que l'on peut obtenir par la gymnastique fonctionnelle. On donne à l'animal une nourriture substantielle et facile à digérer; le tube digestif ne fonctionne donc pas beaucoup et le ventre est peu volumineux. Les exercices gradués auxquels viennent s'ajouter les pansages, les frictions et les massages développent considérablement les muscles et les poumons. Ce traitement spécial porte le nom d'*entraînement*. On arrive ainsi à former un cheval d'une grande énergie, capable de fournir les courses les plus rapides.

2° **Hérédité.**

Mais on conçoit que si les aptitudes développées chez les animaux devaient disparaître avec eux, il ne serait pas possible de poursuivre bien loin les améliorations entreprises; ce serait toujours un travail à recommencer pour chaque sujet. Heureusement les animaux transmettent généralement à leurs descendants quelque chose de leurs formes, de leurs couleurs et de leurs aptitudes. Par conséquent lorsque le cultivateur a amélioré quelques animaux par les moyens que nous connaissons, il choisit pour reproducteurs ceux qui présentent au plus haut degré les qualités qu'il veut fixer dans la race : c'est ce qu'on appelle **améliorer les races par la sélection,** d'un mot latin qui signifie choisir. Ce mot en vieillissant a fait *élection* en perdant sa première lettre.

De temps en temps cependant un sujet obtenu, au lieu de présenter les qualités du père et de la mère, ressemblera aux animaux de sa race qui n'ont pas été améliorés, c'est-à-dire à ses aïeux : c'est là un cas particulier d'hérédité qu'on appelle **atavisme,** du latin *atavus,* aïeul. On ne fera pas reproduire ce sujet, et l'on continuera l'amélioration de la race avec d'autres animaux. Chaque transmission héréditaire rend les formes plus stables dans la race; mais il ne faut pas oublier que l'hérédité est fortement secondée par les conditions hygiéniques.

En résumé, les améliorations naissent sous l'influence des conditions hygiéniques et elles sont fixées dans la race par l'hérédité.

Méthode de croisement. — Quand on veut modifier rapidement les animaux d'une race, on a recours au croisement, qui consiste à accoupler deux reproducteurs de races différentes dans le but d'obtenir un sujet appelé *métis* possédant des qualités communes aux deux races.

Fig. 40. — Taureau Durham.

Si l'on croise un taureau Durham (fig. 40), qui présente une grande disposition à prendre de la graisse, avec une vache normande qui est bonne laitière, on obtient un sujet très voisin de la race normande, mais capable de s'engraisser plus facilement.

Comme on le voit, les résultats sont ici atteints bien plus rapidement que par la sélection, malheureusement lorsqu'on accouple ensemble des croisés, les produits obtenus dégénèrent et reviennent, après quelques générations, à la race la plus ancienne dans le pays. C'est encore un effet d'atavisme.

On distingue deux sortes de croisement : 1° le croisement industriel; 2° le croisement continu.

Par le **croisement industriel** on accouple des animaux de races différentes en vue d'obtenir des sujets qui n'ont qu'une simple valeur commerciale, ils ne servent pas à la reproduction parce qu'ils dégénèrent facilement.

Par le **croisement continu** on se propose de remplacer une race que l'on exploite par une race meilleure. Les sujets femelles obtenus par le croisement sont toujours accouplés avec un mâle pur sang de la race préférée; on conçoit qu'au bout de trois ou quatre générations les caractères de la race croisée ont complètement disparu, et qu'on n'obtient plus que des sujets de la race choisie.

Le métis hérite ordinairement des caractères des deux reproducteurs; ces caractères étant chez lui plus ou moins juxtaposés, il doit exister une certaine harmonie de formes entre les sujets croisés; si par exemple on accouplait un gros cheval de labour avec un cheval de luxe, on s'exposerait à obtenir un produit plus ou moins difforme portant une tête très grosse à l'extrémité d'un cou mince, etc.

Notons enfin que les conditions hygiéniques exercent une grande influence sur les résultats du croisement.

Le cultivateur français, dans cette besogne difficile de la production animale, ne manque pas d'encouragements. Les uns émanent de l'État, les autres des administrations départementales, d'autres encore de diverses associations privées. Tels sont : les étalons nationaux, les étalons approuvés, les étalons autorisés, les étalons départementaux, les primes d'encouragement, les courses de chevaux, les remontes militaires, les vacheries et bergeries nationales, les concours d'animaux.

Étude des aliments.

Un animal perd sans cesse de son poids. Il perd de l'*eau* qui s'échappe par la peau, par la respiration pulmonaire, par les urines. Il perd de l'*acide carbonique* qui s'échappe des poumons avec l'air. Il perd enfin des *produits azotés* que l'on retrouve dans les urines. (*Expérience : Insuffler de l'air au moyen d'un tube dans de l'eau de chaux; l'acide carbonique qui s'échappe des poumons se combine avec la chaux pour former un précipité blanc de carbonate de chaux.*) Pour compenser ces pertes il faut donner à l'animal une certaine quantité d'aliments, autrement dit une **ration d'entretien**, à laquelle on ajoute une **ration de production** si l'on veut que l'animal puisse s'accroître.

Les aliments doivent contenir le carbone nécessaire à la respiration et les matières azotées destinées à l'assimilation dans les tissus. Le carbone est surtout contenu dans les matières grasses, dans les matières sucrées et dans les matières féculentes que l'on appelle pour cette raison aliments respiratoires. Les matières azotées sont les plus précieuses; on les trouve dans l'albumine, la fibrine et la caséine des végétaux; plus un aliment en contient, plus il a de valeur. On appelle **relation nutritive** d'un aliment le rapport qui existe entre les matières azotées et les matières respiratoires qu'il contient; plus ce rapport se rapproche de l'unité, plus l'aliment est riche. Maintenant que nous savons en quoi consiste la richesse des aliments, nous pouvons les diviser, au point de vue de leur valeur nutritive, en trois groupes : les aliments pauvres, les aliments ordinaires et les aliments concentrés.

Aliments pauvres. — Leur relation nutritive varie de 1/6 à 1/20. Ils ont besoin d'être mélangés avec ceux du troisième groupe. On trouve dans cette catégorie les pailles des céréales, les pailles des légumineuses (pois, fèves, lentilles) plus riches que les précédentes ; les balles de blé et les siliques de colza, qui renferment de 4 à 5 p. 100 de matières azotées; les betteraves dont la relation nutritive est de 1/12; les pulpes de betteraves que l'on divise en pulpes de presses hydrauliques, pulpes de presses continues et pulpes de diffusion contenant respectivement 75, 83 et 89 p. 100 d'eau. La relation nutritive des pulpes de pression est de 1/9, tandis que celle des pulpes de diffusion est de 1/7 ; les matières azotées étant peu diffusibles sont très bien conservées dans ces dernières pulpes. Ces aliments servent surtout de nourriture aux ruminants (bœuf, mouton, etc.). Le bœuf, en effet, a un estomac dont la capacité est d'environ 200 litres, on comprend que chez cet animal la quantité peut compenser la qualité.

Aliments ordinaires. — Leur relation nutritive varie de 1/3 à 1/5 ; ils suffisent pour entretenir les animaux domestiques et peuvent produire la force et le lait ; mais pour l'engraissement il est bon de leur adjoindre une certaine quantité d'aliments du troisième groupe. Parmi les aliments ordinaires nous citerons les foins de prairie dont la relation nutritive est de 1/4,8 et les foins de légumineuses qui sont plus riches encore ; le foin de luzerne en particulier a une relation nutritive de 1/2,4. Les fourrages de légumineuses (hivernage, lentille) sont aussi très azotés ; il ne faut pas les donner aux chevaux avec beaucoup d'avoine, surtout lorsqu'ils sont au repos ; ce serait les exposer aux coups de sang et aux paralysies.

Aliments concentrés. — Citons d'abord les tourteaux dont les plus estimés sont les tourteaux de lin, de colza indigène, de cocotier. Les vaches qui mangent du tourteau de cocotier en été donnent un excellent beurre qui se tient ferme. On recommande encore pour les vaches laitières les tourteaux d'arachides, de coton, de sésame, qui ne donnent point de mauvais goût au beurre. Les tourteaux de colza des Indes ne sont pas bons pour les bestiaux à cause de leurs propriétés irritantes.

Les graines de légumineuses (fèves, vesces, lentillon) sont très riches en matières azotées ; elles en renferment de 20 à 24 p. 100. Il est à remarquer que ces graines ne sont guère vendues plus cher que les céréales qui contiennent moitié moins de matières azotées ; elles forment donc une nourriture très économique (1).

(1) L'avoine renferme un principe volatil qui produit sur les che-

La richesse d'un aliment ne suffit pas toujours pour l'apprécier; il faut encore connaître la proportion de cet aliment qui sera digérée par l'animal : c'est ce qu'on appelle le **coefficient de digestibilité**. Ainsi l'on dit que le coefficient de digestibilité est pour la luzerne 60, pour les pailles de céréales 40, pour le tourteau de lin 78, pour les racines et tubercules 95; ce qui veut dire que l'animal digère 60 p. 100 du poids de la luzerne qu'il mange, etc.

La partie qui n'est pas digérée n'est pas perdue puisqu'elle passe dans le fumier, mais elle diminue de valeur, car l'azote aliment se vend 4 francs le kilog. et l'azote engrais 2 francs seulement.

Ration. — Nous supposons que l'animal est nourri avec du foin ordinaire contenant 1^{kil},15 p. 100 d'azote. La **ration d'entretien** pour un animal pesant de 4 à 500 kilogr. est de 1^{kil},5 de foin par 100 kilogr. du poids de l'animal vivant. Les animaux moins gros mangent davantage proportionnellement. La **ration de production** est égale à la ration d'entretien; elle peut cependant en être le double, de sorte que la **ration totale** varie de 3 à 5 p. 100 du poids de l'animal.

LE CHEVAL

Le cheval est le moteur animé le plus rapide que nous possédions. Le mot cheval désigne plus spécialement le mâle, encore appelé **étalon,** s'il sert à la reproduction, et **cheval ongre** s'il est rendu impropre à la reproduction. La femelle porte le nom de **jument** et les petits s'appellent **poulains** s'ils sont mâles, et **pouliches** s'ils sont femelles. Les défauts, ainsi que les qualités du cheval, sont trop nombreux pour qu'il puisse en être question

vaux une excitation immédiate mais de courte durée; il en résulte que pour obtenir des chevaux un travail soutenu, il faut leur en donner souvent et peu à la fois.

Pour que l'avoine conserve son principe volatil, elle sera aplatie et non concassée.

ici. Pour être compétent dans l'appréciation d'un che-
val, il faut en faire une étude spéciale et surtout pratique. Les *différentes races de chevaux* peuvent être réparties de la manière suivante :

Les chevaux de selle sont caractérisés par une tête fine, un corps élancé, des jambes longues et minces. Ils servent à la remonte de la cavalerie dans l'armée. Nous citerons le **cheval arabe** (fig. 41) qui doit à son origine

Fig. 41. — Cheval arabe.

d'être ardent et sobre. Le **cheval anglais** (fig. 42) qui provient du cheval arabe modifié par l'entraînement et la sélection ; il est plus grand que ce dernier et court plus vite, mais il est difficile à entretenir et résiste moins à la fatigue. On a tort de l'employer trop souvent dans les croisements pour la production des chevaux qui doivent fournir un travail soutenu : chevaux de guerre, chevaux de trait léger, etc.

Les chevaux de luxe servent surtout à traîner les carrosses, ils diffèrent des chevaux de selle par une encolure plus courte, une tête plus relevée, une poitrine plus large, un corps plus cylindrique, des jambes un peu plus fortes, mais encore assez fines. Nous citerons le métis **anglo-normand** qui est très recherché pour ce service.

Les chevaux de trait sont beaucoup plus forts que les précédents. Ils ont la taille élevée, la tête grosse, l'encolure forte et courte, le poitrail large et proéminent, le corps volumineux, les membres forts, pourvus d'articu-

Fig. 42. — Cheval anglais.

lations larges. On les divise en **chevaux de gros trait** aux allures lentes, mais capables de traîner de lourdes charges, exemple le *cheval flamand* qui est grand mais un peu lourd, et le *cheval boulonnais* (fig. 43) qui est plus petit mais plus vif que le précédent. Les **chevaux de trait léger** sont moins gros que les chevaux de gros trait ; ils sont un peu plus élancés et leur allure est plus rapide ; ils servent beaucoup pour l'artillerie et le train des équipages. On les trouve dans l'ouest et dans le centre de la France, ce sont le cheval *normand*, le cheval *breton* et surtout de cheval *percheron* (fig. 44).

Les pâturages sont indispensables pour l'élevage des chevaux, car les poulains doivent prendre beaucoup d'exercice.

Les reproducteurs peuvent être employés au commencement de leur quatrième année ; on fait des exceptions

Fig. 43. — Cheval boulonnais.

pour les pouliches, qui sont quelquefois accouplées dès l'âge de deux ans.

Dressage des chevaux. — Douceur envers les animaux.

Le dressage est rendu plus facile lorsqu'on attelle les poulains avec les chevaux qui savent déjà travailler ; c'est une besogne délicate que le cultivateur ne doit confier qu'à un domestique patient et doux.

Les animaux domestiques ne nous rendent que des services, pourquoi les maltraiterions-nous ? S'ils ne comprennent pas toujours ce que nous désirons d'eux, devons-nous oublier qu'ils n'ont pas comme nous l'intelligence et la raison? Du reste, les animaux bien conduits sont dociles et obéissants; le plus souvent ils ne deviennent méchants et rétifs que quand on les maltraite dans leur jeune âge.

Alimentation. — L'estomac du cheval ne contient

Fig. 44. — Cheval percheron.

guère plus de 16 litres, tandis que celui du bœuf a une capacité d'environ 200 litres; la nourriture du cheval doit donc être plus riche que celle du bœuf. Cependant les légumineuses en graines (fèves, vesces, lentillons) ne doivent jamais être données en grande quantité, surtout lorsque le cheval est au repos. Le son et la carotte forment au contraire une nourriture très rafraîchissante que le cheval aime beaucoup.

L'usage du **hache-paille** (fig. 45) pour couper les fourrages réalise une grande économie; les chevaux gaspillent moins la nourriture. Le fourrage est attiré par deux cylindres cannelés qui peuvent s'écarter plus ou moins et qui cependant serrent toujours la paille grâce au contre-poids qui se trouve à la partie inférieure. Le volant doit avoir environ 1ᵐ,45 de diamètre : s'il était plus petit le travail serait plus fatigant.

L'aplatisseur de grains (fig. 46) rend aussi des services dans la ferme. Beaucoup de grains d'avoine traversent le tube digestif des chevaux, sans être digérés, surtout lorsque l'animal est vieux. Les grains sont entourés d'une membrane de cellulose réfractaire aux sucs digestifs;

Fig. 45. — Hache-paille.

Fig. 46. — Aplatisseur de grains.

l'aplatisseur déchire cette enveloppe et permet aux sucs digestifs d'en dissoudre le contenu.

Le coefficient de digestibilité du tourteau n'est pas suffisant pour qu'on puisse le donner en nourriture au cheval.

Les chevaux de Grignon reçoivent par jour, en été : avoine 6 à 7 kilogr., foin 7 kilogr., paille 5 kilogr. ; en hiver : avoine 5 à 6 kilogr., foin 7 kilogr., paille 5 kilogr., carotte 10 kilogr.

Hygiène du cheval. — L'écurie doit répondre aux conditions que nous avons indiquées précédemment ; elle doit être nettoyée et lavée assez souvent. Les eaux de lavage, qui ne seront pas trop abondantes, se rendront dans la citerne où elles iront grossir le volume du purin. On évitera en hiver les brusques changements de température.

Les soins de propreté que l'on doit donner au cheval
sont : 1° le pansage qui se pratique au moyen de l'étrille,
du bouchon de foin et de l'éponge ; 2° les bains en été
qui nettoient le cheval et le rafraîchissent. Le cheval ne
doit pas travailler beaucoup immédiatement après le repas ; si on le laisse reposer lorsqu'il est en sueur, il faut
le protéger par une couverture et ne pas l'exposer à un
courant d'air ; on évitera de le conduire à l'abreuvoir en
cet état.

L'**Âne** est un animal du genre cheval qui sert plutôt
à porter qu'à traîner des fardeaux. *Le mâle porte le nom*
de **baudet**, la femelle s'appelle **ânesse** et le petit **ânon**.

On distingue *l'âne d'Europe*, dont on connaît chez nous
les variétés du Poitou et de la Gascogne, et *l'âne d'Afrique*
plus petit que le précédent, mais remarquable par sa sobriété, sa longévité et sa force. *Un âne peut vivre de vingt-*
cinq à trente ans. Le croisement du baudet avec la jument produit le **mulet** dont la femelle appelée **mule** est
estimée à cause de ses formes plus fines. Le mulet est tout
à la fois d'une grande vigueur et d'une grande sobriété.

BŒUF ET VACHE

Ces animaux constituent l'espèce bovine que nous ex-
ploitons pour le travail, le lait et la chair ; ce sont les
animaux les plus utiles de la ferme. On donne le nom de
bœufs aux animaux mâles qui travaillent ou qu'on nourrit pour la production de la viande ; le **taureau** est le mâle
qui sert à la reproduction. La femelle s'appelle **vache** ; ses
petits portent d'abord le nom de **veaux**, et au bout d'un
an on les nomme **taurillons** s'ils sont mâles et **génisses**
s'ils sont femelles. C'est surtout dans les arrondissements
d'Avesnes et d'Hazebrouck, où l'on trouve de vastes pâturages, que l'on peut se livrer économiquement à l'élevage des races bovines. Les reproducteurs sont employés,
le taureau à quinze mois et la génisse le plus tôt possible, c'est-à-dire vers douze à quinze mois : c'est un moyen
de développer l'aptitude laitière chez les vaches.

Les **principales races** que l'on trouve dans le nord de la France sont :

La **race flamande** (fig. 47) qui est une bonne laitière remarquable par sa précocité et la facilité avec laquelle elle s'engraisse. Elle a le poil d'un rouge plus ou moins marron avec quelques petites taches blanches surtout sur les joues. Les cornes sont assez peu développées et dirigées en avant ; leur pointe est noire ainsi que le mufle et le bord libre des paupières. Le poids vif moyen d'une vache adulte est d'environ 550 kilog. ; le rendement annuel en lait est de 4,000 litres environ. On a essayé de croiser

Fig. 47. — Vache flamande.

cette race avec la race Durham ; mais on n'a guère donné aux métis plus de précocité, et l'aptitude à la production du lait a diminué. Aussi continue-t-on à améliorer la race flamande par la sélection des reproducteurs et la bonne alimentation.

La **race picarde** que l'on trouve dans les départements de la Somme, de l'Aisne et de l'Oise ; elle est plus petite que la race flamande à laquelle elle ressemble.

La **race hollandaise**. — Il y a en Hollande une grande, une moyenne et une petite variétés bovines. C'est la grande que l'on trouve ordinairement dans notre pays ; son pelage est blanc et noir par étendues à peu près égales; pour la forme et le volume elle ressemble à la vache flamande qu'elle surpasse un peu en poids. C'est une excellente laitière, son rendement moyen annuel n'est pas moindre de 4,000 litres.

La **race normande**, d'un rouge marbré de noir, donne un peu moins de lait que les races flamande et hollandaise; mais ce lait est très riche en beurre d'excellente qualité; de plus cette vache s'engraisse facilement dans les pâturages.

La race anglaise de **Durham** est élevée spécialement pour la boucherie (fig. 40, page 79).

Le **bœuf de boucherie** aura la tête petite, l'œil doux, le cou sera court, la poitrine large, l'épaule ronde et droite, l'avant-bras gros près du corps, mince au genou, le dos droit depuis le garrot jusqu'à la naissance de la queue, le corps large et cylindrique, les hanches écartées, les cuisses bien musclées, la peau molle se détachant bien du corps et le poil doux. L'engraissement du bœuf se fait à l'étable et au pâturage.

Le **bœuf de travail** doit, aussitôt qu'il a atteint son complet développement, être engraissé pour la boucherie. Sa conformation ne doit donc guère s'écarter de celle que nous venons d'indiquer, d'autant moins qu'elle n'exclut pas l'aptitude au travail.

La **vache laitière** appartiendra par le père et la mère à une famille bonne laitière. Elle aura la tête petite, les yeux doux, la peau fine, roulant sous la main, les poils courts, fins et luisants, les mamelles volumineuses se réduisant beaucoup lorsqu'elles tarissent; les trayons allongés, écartés, bien percés; les veines sous le ventre grosses et noueuses. La partie postérieure des mamelles présentera, de chaque côté, des poils fins dirigés de bas en haut; c'est ce qu'on appelle l'**écusson**; il doit avoir la plus grande surface possible.

Alimentation. — Étant donnée la grande capacité de l'estomac du bœuf et de la vache, on peut les nourrir avec des substances peu riches : pulpes de betteraves, betteraves, navets, choux, drêches de brasserie et de distillerie, paille, foin, etc., auxquelles on ajoute comme ration de production : du tourteau, du son, de la farine de maïs.

Les betteraves, navets, etc., après avoir été nettoyés

Fig. 48. — Lave-racines.

dans le lave-racines (fig. 48), sont réduits en tranches ou cossettes minces au moyen du coupe-racines (fig. 49). Les betteraves hachées et les pulpes formeraient une nourriture trop aqueuse pour que la rumination se fît bien ; on doit les mélanger avec la courte paille des cé-

Fig. 49.
Coupe-racine.

réales et les siliques de colza ou, à défaut, avec de la paille hachée. Dans nos petites fermes on fait quelquefois cuire ces mélanges en hiver ; on prépare ainsi d'excellents breuvages pour les vaches laitières.

Les tourteaux doivent être réduits en morceaux avant d'être donnés aux bestiaux ; on peut se servir d'un instrument appelé **brise-tourteaux.**

Voici un exemple de ration pour une vache laitière : pulpe de betteraves 30 kilogrammes, tourteau de coton 2 kilogrammes, drêche de brasserie 4 kilogrammes, paille pour litière 6 kilogrammes.

Hygiène. — Tout ce que nous avons dit des écuries s'applique également aux étables. Elles sont en général trop petites et mal aérées, aussi les cas de phthisie sont-ils assez communs chez les vaches. La propreté de la peau est tout aussi utile chez la vache que chez le cheval. L'addition de 50 grammes de sel à la ration d'une vache excite l'appétit et favorise la digestion. On ne passera pas brusquement de l'alimentation aqueuse à l'alimentation sèche et réciproquement.

Produits. — Le lait se compose de 87 à 88 p. 100 d'eau tenant en dissolution de la caséine, de l'albumine, du sucre de lait, quelques sels et des globules graisseux en suspension. Lorsqu'on abandonne le lait à lui-même dans un vase, les globules graisseux, qui sont plus légers que le liquide, remontent à la surface où ils forment la crème; le sucre de lait au contact de l'air se change en acide lactique et cet acide coagule la caséine qui forme le fromage (*expérience: verser un peu de vinaigre dans le lait, la caséine se coagule instantanément*). Lorsqu'on chauffe le lait, c'est l'albumine qui se coagule et forme une membrane au-dessus du liquide.

La laiterie est une cave ou sous-sol dont la température doit être maintenue entre 12 et 15°. Le lait est versé dans des terrines bien vernissées que l'on dépose sur le carreau en été et sur des rayons en hiver. Au bout de quinze à vingt-quatre heures la crème est formée; lorsqu'en l'effleurant du bout du doigt rien ne s'y attache, on peut en conclure qu'elle est à point. Sous l'influence d'un air chaud et humide, le lait s'acidifie trop vite, la crème monte rapidement, mais il en reste une partie dans la caséine qui s'est transformée en fromage. On enlève la crème que l'on conserve dans un vase élevé à ouverture étroite et bien bouchée afin qu'elle ne s'aigrisse point. 28 litres de lait donnent en moyenne 4 litres de crème et 1 kilogramme de beurre. Lorsque la crème est en quantité suffisante on la bat dans une baratte pour réunir les globules en une masse qui est le beurre. Cette opération doit se faire à la température déjà indiquée de 12 à 15°, sinon le barattage devient très pénible pendant les grands froids, ainsi qu'à l'époque des fortes chaleurs. Dans le Nord on bat quelquefois le lait pour en extraire le beurre, il reste alors du *lait de beurre* ou **babeurre** qui s'emploie pour faire de la soupe ou bien que l'on consomme comme du lait froid, ou encore que l'on donne en nourriture aux porcs. Les barattes employées dans le Nord ont la forme de tonneaux fixes ou mobiles. Lorsque le tonneau est fixe une manivelle fait tourner un mouli- net formé de planchettes trouées qui battent la crème. Mais quelquefois, c'est le tonneau lui-même qui tourne sur deux tourillons : dans ce cas les planchettes qui battent la crème sont fixées dans l'intérieur du tonneau.

En sortant de la baratte le beurre est lavé dans un vase où on le pétrit avec les mains, ou mieux à l'aide de battoirs en bois ; aussitôt fabriqué, il est enveloppé dans un linge ; on le con- serve en y ajoutant du sel.

Dans les grandes exploitations et dans les laiteries spéciales on com- mence à employer une nouvelle mé-

Fig. 50. — Tonneau-baratte mobile.

thode qui consiste surtout à refroidir le lait à 2° au-dessus de zéro. Cette méthode ne se vulgarisera pas facilement parce qu'elle exige l'emploi de la glace en tout temps. On se sert aussi dans les laiteries d'écrémeuses centrifuges qui retirent la crème du lait.

La nourriture du bétail a une influence considérable sur la qualité du beurre, il en est de même de la pro- preté dans la laiterie où on doit soustraire le lait à l'influence des mauvaises odeurs. « Les pays les plus renommés pour leur laitage le sont aussi pour leur pro- preté, dit M. P. Joigneaux dans le *Livre de la ferme*. Visitez les fruitières du Jura et de la Suisse, l'arrondis- sement d'Avesnes dans le nord de la France, le pays de Bray et le Perche dans la Normandie, les Flandres belges, la Hollande, etc., et vous ne douterez plus de notre assertion, si vous en doutez encore. Dans ces contrées-là les maisons ont un air de fête, tout y reluit, en dehors et en dedans; le cuivre, le fer et l'étain font miroir..... Pas de propreté, pas de laiterie : voilà la loi. » Dans le Nord, le beurre de Flandre a une réputation bien méritée; il en est de même du beurre d'Orchies et de celui que produit l'arrondissement d'Avesnes.

Le lait écrémé est placé dans une pièce chauffée en hiver; on l'additionne d'une petite quantité de présure dont l'acidité active la coagulation de la caséine. Le **fromage maigre** obtenu est égoutté, puis assaisonné et consommé dans le pays. Mais on peut aussi faire coaguler du lait non écrémé; le fromage retient alors une partie du beurre et porte le nom de **fromage gras**. On distingue encore les fromages à **pâte molle** comme les fromages de Brie et de Neufchâtel et les fromages à **pâte ferme** qui doivent leur dureté soit à la pression, comme le fromage de Hollande et de Roquefort, soit à la cuisson, comme le fromage de Gruyère.

Un fromage du Nord qui mérite une bonne réputation, c'est le fromage de Maroilles. « Le fromage de *Maroilles*, de première qualité, dit M. Joignéaux, ne le cède pour la qualité à aucun de nos meilleurs fromages gras fabriqués avec le lait de vache. C'est donc à tort qu'on ne le voit figurer nulle part dans les concours spéciaux où s'établit la réputation des produits et des producteurs méritants. »

LE MOUTON

Le mouton, comme la vache, est un ruminant. On appelle **moutons** les animaux mâles, **brebis** les femelles, et **béliers** les mâles destinés à la reproduction. Les petits portent le nom d'**agneaux** ou d'**agnelles** suivant leur sexe, et d'un an à deux ans on les nomme **antenais** ou **antenaises**. Les brebis sont livrées à la reproduction vers l'âge d'un an et les béliers entre douze et quinze mois.

Nous élevons les moutons pour en recueillir la laine, la viande et quelquefois le lait. Autrefois les moutons étaient élevés principalement pour la production de la laine ;

Fig. 51. — Bélier mérinos.

aujourd'hui on recherche les moutons précoces qui donnent surtout de la viande.

Parmi les principales races, nous citerons :

Le **mouton mérinos** (fig. 51), originaire de l'Espagne ; il donne une laine très fine employée à la fabrication des draps. On a développé chez cette race l'aptitude à la production de la viande et il existe actuellement plusieurs variétés de *mérinos précoces*.

Les *variétés anglaises de Dishley et de Southdown* (fig. 52)

Fig. 52. — Bélier Southdown.

destinées surtout à la production de la viande. La première est à laine longue et la seconde à laine courte.

La **race flamande** (fig. 53), *artésienne ou picarde* se compose d'individus de grande taille dont la toison, en mèches assez longues, ne recouvre pas la partie inférieure de la poitrine et du ventre et sert à la confection d'étoffes grossières. Ces moutons donnent un beau poids de viande et résistent bien au climat humide du Nord. Le croisement de cette race avec la race de Dishley a donné de bons résultats.

Alimentation. — Le mouton aime les pâturages secs ; en hiver, rentré à la bergerie, il se contente d'aliments médiocres : pulpe de betterave, et betteraves

Fig. 53. — Race flamande.

préparées comme pour la nourriture des vaches ; drêches de bière, paille d'avoine, trèfle, etc.

Hygiène. — Le mouton est chaudement vêtu ; il a un tempérament lymphatique : il demande de l'air et une nourriture plutôt sèche qu'humide. On donnera aux moutons de la paille en assez grande quantité pour qu'ils aient les pieds secs ; on évitera ainsi la maladie qui les atteint souvent et qu'on appelle *piétin*.

LA CHÈVRE

La chèvre est aussi un ruminant, élevé surtout pour la production du lait et du fromage ; on distingue princi-

Fig. 54. — Chèvre du Thibet.

palement la chèvre commune qui rend des services aux petits ménages, et la chèvre d'Asie ou du Thibet (fig. 54) qui perd son duvet soyeux au bout d'un court séjour en Europe. Voir le mouton pour la nourriture et l'hygiène.

LE PORC

Le porc est un animal domestique de l'ordre des pachydermes, c'est-à-dire à peau épaisse. Le mâle est nommé **verrat**, la femelle **truie** et les petits, **porcelets** ou **gorets**. Le porc se multiplie rapidement et s'accroît de même ; il fournit des aliments variés qui constituent de précieuses ressources pour les habitants de la campagne.

Les races se divisent en **races naturelles** parmi lesquelles on distingue le **porc flamand** et le **porc nor-**

Fig. 55. — Porc normand.

mand (fig. 55) ; ces porcs sont hauts sur jambes, ils ont la poitrine aplatie, le dos convexe et les oreilles grandes et pendantes ; les soies sont plus ou moins droites. Ils se développent lentement, mais ils donnent un gros poids de viande qui n'est pas très grasse. Les **races artificielles** comprennent les races anglaises que l'on peut diviser en grandes races et en petites races. Ces individus sont bas sur jambes, leurs oreilles sont courtes, leur dos est large et le système osseux peu développé ; leurs soies sont fines et rares. Ces porcs se développent rapidement et s'engraissent de même. On nourrit beaucoup dans notre pays les variétés obtenues par le croisement des races françaises avec les races anglaises. Ces sujets sont meilleurs marcheurs que les porcs anglais et leur chair est moins grasse.

Nourriture. — Le porc est très facile à nourrir ; il mange aussi bien les matières animales que les matières végétales et il utilise une grande quantité de déchets. Sa nourriture consiste en épluchures de légumes, petit-lait, fourrage vert, racines, pommes de terre cuites, seigle concassé ou moulu, etc.

Hygiène. — Le porc redoute les grands froids comme les grandes chaleurs ; la litière ne doit pas lui manquer en hiver, et un bassin à proximité de la porcherie lui sera fort utile en été. La porcherie sera suffisamment grande et tenue proprement ; on lavera souvent la peau du porc avec quelques seaux d'eau.

BASSE-COUR

On appelle basse-cour la cour de la ferme dans laquelle se trouve le fumier et où la volaille se tient pendant le jour. Les animaux de basse-cour sont : les poules, les canards, les oies, les dindons, les pintades, les pigeons et les lapins. Chaque espèce présente différentes races que l'on doit choisir suivant le but que l'on veut atteindre. On ne doit élever que les races pures et chercher à les améliorer sans cesse par la sélection.

La **poule** est élevée pour ses œufs et sa viande ; elle pond en moyenne 50 œufs par an ; ce nombre cependant peut s'élever jusqu'à 180. C'est entre trois et cinq ans que la poule donne son maximum d'œufs. L'engraissement se fait en cage ; on donne aux poules du pain et des farines d'orge, de maïs, etc., délayées dans du lait. L'incubation peut être naturelle et dans ce cas on confie douze à quatorze œufs à la poule qui les couve pendant vingt et un jours. Les **couveuses artificielles** remplacent avantageusement la poule.

Les principales races sont :

La **race commune**, qui est très active et trouve facilement sa nourriture ; elle pond bien, mais s'engraisse difficilement.

La **race de Houdan** (fig. 56) (d'une petite ville du département de Seine-et-Oise) est une des meilleures races françaises. Son plumage est noir et gris ; la tête porte une huppe, les pattes ont cinq doigts. Cette race est précoce, bonne pondeuse, s'engraisse facilement et donne une chair excellente.

La **race de Crèvecœur** (fig. 57) (d'un village du département du Calvados) est assez bonne pondeuse, s'engraisse facilement et donne un beau poids de viande.

Fig. 56. — Race de Houdan.   Fig. 57. — Race de Crèvecœur (coq).

La **race cochinchinoise** est très volumineuse, les pattes très fortes sont emplumées ; la poule est bonne pondeuse, très bonne couveuse, mais sa chair ne vaut pas celle des autres races.

Le **canard** est un oiseau de l'ordre des palmipèdes ; la femelle s'appelle **cane** et les petits **canetons**. On ne doit élever les canards qu'autant qu'il y a de l'eau à proximité de la ferme. La principale race est le *canard de Rouen*.

L'oie. — Le mâle s'appelle **jars** et les petits **oisons**. L'oie est une bonne pondeuse et s'élève facilement ; le pâturage est sa principale nourriture. La meilleure variété est l'*oie de Toulouse*.

Le **dindon noir** est le plus répandu dans les fermes ; la femelle s'appelle **dinde** et les petits **dindonneaux**. On élève le dindon pour sa chair qui est très estimée ; la dinde est une excellente couveuse ; les dindonneaux sont très délicats et demandent beaucoup de soins pendant les deux premiers mois de leur existence ; ils deviennent ensuite très robustes.

La **pintade** (fig. 58) est une bonne pondeuse, sa chair est d'un goût fin et délicat.

Les **pigeons** nous donnent leurs petits appelés **pigeon-**

Fig. 58. — Pintade.

neaux, leur chair, leurs plumes et un excellent engrais appelé **colombine**. Les variétés les plus répandues sont les pigeons bisets ou fuyards, les pigeons mondains, etc. Citons aussi les pigeons voyageurs qui sont appelés à rendre de grands services en temps de guerre.

Les **lapins** se multiplient rapidement et s'accommodent de toute espèce de nourriture végétale. Il faut cependant avoir soin de mêler un peu de nourriture sèche aux aliments verts. La race la plus répandue est le *lapin gris* ou *commun*. Les lapins sont nourris dans de petites cabanes appelées **clapiers** ; leurs petits portent le nom de **lapereaux**.

ABEILLES

Les abeilles, encore appelées mouches à miel, sont des insectes qui produisent le miel et la cire. Elles vivent en colonies de 20 à 30,000 individus logés dans une *ruche* (fig. 59), l'ensemble des ruches forme le **rucher**. Les anciennes ruches avaient la forme de cloche le plus souvent en paille; on recommande de les transformer en ruches à chapiteau qui permettent de faire des récoltes partielles de miel sans déranger les abeilles. Les ruches les plus estimées aujourd'hui sont les ruches à **cadres mobiles**. Ce sont des châssis disposés les uns contre les autres et dans lesquels les abeilles forment leurs

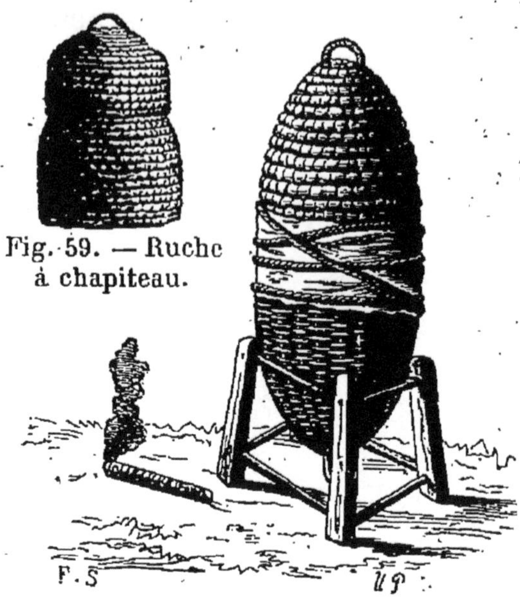

Fig. 59. — Ruche à chapiteau.

Fig. 60. — Ruche disposée pour le transvasement des abeilles.

gâteaux; rien de plus facile alors que de faire la récolte de miel en tout ou en partie. La population d'une ruche contient des **abeilles ouvrières** encore appelées abeilles neutres (fig. 61) au nombre d'une vingtaine de mille environ; des mâles ou **faux-bourdons** (fig. 62) un peu plus gros que les abeilles neutres, et dont le nombre variable peut s'élever jusqu'à un millier; une seule femelle

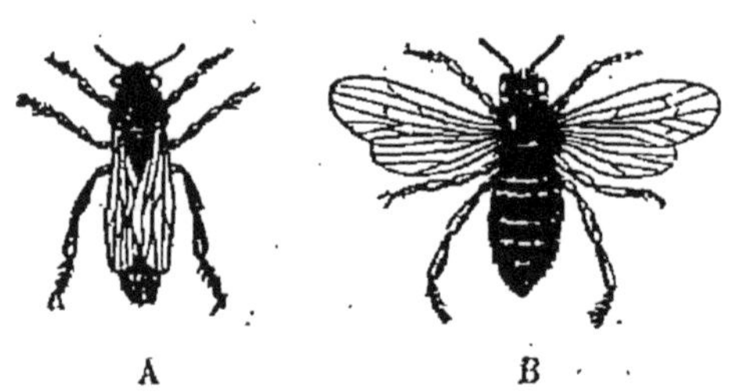

Fig. 61. — Abeille neutre. — A, au repos; B, ailes déployées.

ou **abeille mère** (fig. 63) encore appelée improprement reine. L'abeille mère est d'un tiers plus longue que l'ouvrière; plusieurs parties de son corps ont la couleur de 'lor bruni. Les ouvrières vont butiner le miel et le pollen sur les fleurs, d'autres sécrètent la cire avec laquelle elles construisent les gâteaux encore appelés gaufres ou **rayons** (fig. 64). Les rayons présentent des deux côtés des cellules hexagonales régulières. On en distingue de trois sortes : 1° des cellules d'ouvrières ; 2° des cellules de mâles un peu plus grandes ; 3° des cellules de mères très peu nombreuses et exceptionnellement grandes (fig. 65) ; c'est dans chacune de ces

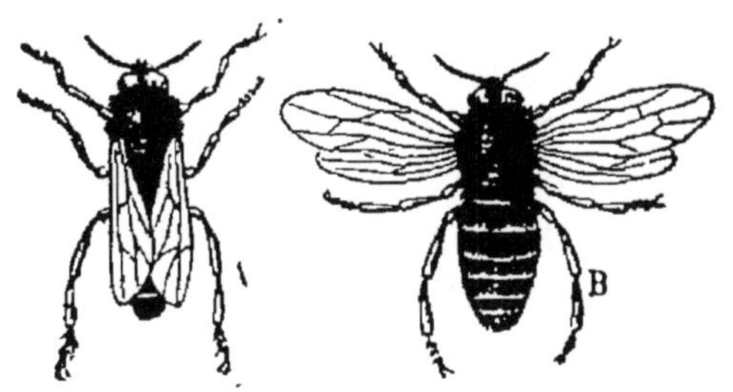

Fig. 62. — Faux-bourdon.   Fig. 63. — Abeille mère.

cellules que l'abeille mère vient déposer un œuf qui ne tarde pas à donner naissance à une larve B' ; cette larve se transforme plus tard en une nymphe toute blanche, puis en abeille. La nourriture donnée aux larves des abeilles mères est plus abondante et meilleure que celle qui est fournie aux autres larves. Nous trouvons donc ici un exemple frappant de l'influence de la nourriture et du logement sur le développement des animaux. On trouve encore des rayons plus épais destinés à contenir le miel. Tous ces rayons sont disposés

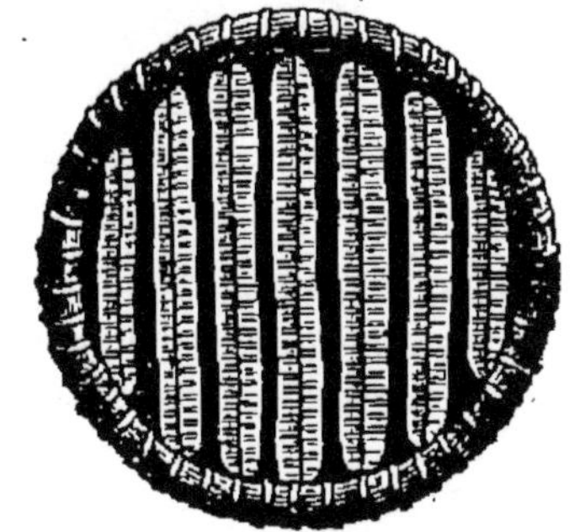

Fig. 64. — Disposition des rayons.

parallèlement dans les ruches (fig. 64). D'autres ouvrières mélangent le pollen avec de l'eau et du miel et forment ainsi une bouillie avec laquelle elles alimentent le **couvain**, c'est-à-dire les larves d'abeilles. Ce sont encore les ouvrières qui se servent d'une substance résineuse appelée **propolis** pour boucher les fentes que les parois de la ruche peuvent présenter.

Les mâles ne travaillent pas; aussi au bout de deux ou trois mois d'existence, et lorsqu'ils sont devenus inutiles dans la ruche, ils sont mis à mort par les ouvrières. Lorsque les nouvelles abeilles se développent en nombre considérable, la ruche ne suffit plus pour contenir tous ses habitants ; une partie s'échappe en mai ou juin, et va se fixer ordinairement à une branche d'arbre. Ces abeilles émigrantes forment ce qu'on appelle un *essaim* que l'on recueille dans une nouvelle ruche.

Lorsqu'on veut récolter le miel des ruches en cloches, on a recours à l'asphyxie momentanée des abeilles, ou mieux au transvasement, qui s'opère de la manière suivante. Une ruche pleine étant retournée, on place rapidement au-dessus une ruche vide (fig. 60); on entoure les deux ruches d'un linge qui empêche les abeilles de s'échapper. On tapote avec de petites baguettes sur la ruche inférieure, et au bout de quinze minutes environ les abeilles se trouvent toutes dans la ruche supérieure que l'on rentre au rucher.

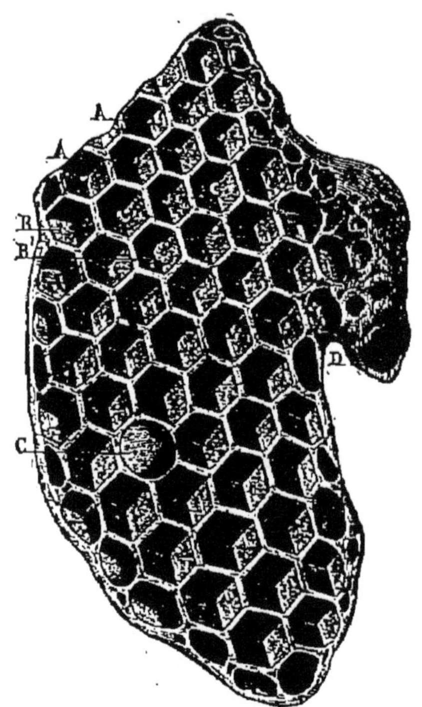

Fig. 65. — Fragment de rayon réalisant les trois sortes de cellules. Partie supérieure, cellules d'ouvrières. — Partie inférieure, cellules de mâles. — D, cellule maternelle.

HORTICULTURE

PLANTATION DES ARBRES FRUITIERS — FUMURE

Pour obtenir rapidement de beaux arbres donnant des fruits de belle qualité, il faut que ces arbres poussent vigoureusement dans leur jeune âge ; tout le succès est là. Le développement de l'arbre dépend du sujet, du terrain et des engrais. Les sujets choisis seront jeunes, vigoureux, à écorce lisse et tendre, et exempts de chancres. Le terrain dans lequel on devra les planter sera profond et de bonne qualité ; s'il est trop humide on le drainera. Mieux vaudrait renoncer à la plantation dans un terrain peu profond à sous-sol de mauvaise nature. Si cependant on veut planter dans ces dernières conditions, le terrain sera défoncé à plus d'un mètre de profondeur et convenablement amendé ; on mêlera à la terre des engrais de longue durée : déchets de laine, de corne, os concassés. Après avoir coupé à la serpette les extrémités des racines endommagées, on plantera les arbres de telle façon que les racines occupent leur position naturelle et que la greffe ne soit pas enterrée. On plante de préférence à l'automne ; ce n'est que dans les terrains argileux et humides que l'on doit planter au printemps.

La fumure des arbres, destinée à provoquer leur développement rapide, consistera en vidanges coupées d'un peu d'eau et en cendres de bois appliquées au mois de mars. Les arbres seront ainsi fumés pendant les trois ou quatre années qui suivent leur plantation ; on se gardera bien d'appliquer par la suite de nouveaux engrais si les arbres sont bien vigoureux: on les empêcherait ainsi de se mettre à fruits. Par cette méthode on ne récolte pas, sur de petits arbres récemment plantés, quelques fruits qui les épuisent et arrêtent leur développement, mais on obtient de beaux arbres qui arrivent vite au maximum de production.

PRINCIPALES VARIÉTÉS D'ARBRES FRUITIERS A CULTIVER

Poirier.

NOM DES VARIÉTÉS.	ÉPOQUE de la MATURITÉ	NOMBRE D'ÉTAGES que doit porter l'arbre disposé en palmette-verrier.	POSITION		EXPOSITION.
			PLEIN VENT	ESPA-LIER	
Beurré Giffart........	Juillet.	3	Pl. v.	»	E., O.
Bon-Chrétien William d'été	Août et Septembre	3	Pl. v.	Esp.	S., O., E.
Beurré d'Amanlis.....		7	Pl. v.	Esp.	N.,O.,E.,S.
Beurré lucratif........		3	Pl. v.	Esp.	E., O.
Epargne.............		2	Pl. v.	Esp.	E., O.
Bonne-Louise d'Avranches..............	Octobre.	3	Pl. v.	Esp.	E., O.
Fondante des bois....		3	Pl. v.	»	»
Doyenné Saint-Michel.		2	Pl. v.	Esp.	E., O., N.
Soldat-Laboureur.....		5	Pl. v.	»	E., O.
Beurré Picquery......		4	Pl. v.	Esp.	E., O.
Beurré Hardi........		5	Pl. v.	Esp.	E., O.
Baronne de Mello.....	Novembre	3	Pl. v.	Esp.	E., N., O.
Duchesse d'Angoulême.		5	Pl. v.	Esp.	E., O.
Délices d'Hardenpont.		3	Pl. v.	Esp.	E., O., N.
Beurré Clairgeau......		2	Pl. v.	Esp.	S.-E.,S.-O.
Beurré Dumont.......		4	Pl. v.	Esp.	»
Beurré Napoléon......		3	Pl. v.	Esp.	E., O.
Beurré Diel, ou royal, ou magnifique......		5	Pl. v.	Esp.	E., O., N.
Beurré Bachelier......		3	Pl. v.	Esp.	E., O., S.
Doyenné du comice....		3	Pl. v.	Esp.	E., O.
Doyenné d'hiver.......	Décembre.	4	»	Esp.	E., S.
Passe-Colmar.........		3	Pl. v.	Esp.	E., O., N.
Triomphe de Jodoigne.		4	Pl. v.	Esp.	S,S-E,S-O.
Bon-Chrétien d'Espagne.............	Janvier, février et mars.	3	Pl. v.	Esp.	E., S.
Bergamote Esperen....		5	Pl. v.	Esp.	E., O.
Olivier de Serres......		3	»	Esp.	S.
Beurré d'Hardenpont..		4	»	Esp.	E., O.
Beurré de Rance......	Avril-juin	3	»	Esp.	E.,N.,O.,S.

Les noms des variétés particulièrement recommandables sont en italique.

Exposition à donner aux arbres fruitiers. — Les espèces suivantes peuvent être cultivées dans nos jardins fruitiers : poirier, pommier, pêcher, abricotier, prunier, cerisier, vigne, groseillier à grappes, framboisier. Certaines espèces et certaines variétés seront principalement cultivées contre les murailles. Les vignes et les poiriers d'hiver (doyenné d'hiver en particulier) seront exposés au midi ; il en sera de même des pêchers. A l'est on mettra un prunier et un cerisier hâtifs ; à l'ouest quelques pommiers, ainsi qu'un prunier et un cerisier tardifs ; au nord les cerisiers tardifs réussiront bien : le reste des murailles sera garni de poiriers, dont on choisira les variétés suivant les expositions (V. *Poirier*, p. 106).

Pommier : *à haute tige* : Reinette grise d'automne, Belle-fleur rouge, Belle-fleur jaune, Reinette du Canada, Calville blanc ; *à basse tige* : Grand Alexandre.

Pêcher : Grosse mignonne hâtive pour espalier. La pêche d'Oignies se reproduit par semis et peut se cultiver en plein vent dans notre pays.

Abricotier : Abricot-pêche.

Prunier : Variété hâtive : Reine-Claude dorée ; variété tardive : Goutte d'or.

Cerisier : Les cerises se divisent en quatre groupes parmi lesquels on distingue les variétés suivantes : La **cerise** : C. anglaise hâtive, C. Montmorency. La **griotte** : G. du Nord, fruit à saveur aigre destiné aux usages domestiques. Le **bigarreau** : bigarreaux gros blanc, Napoléon, gros rouge. La **guigne** : G. beauté de l'Ohio, G. pourpre hâtive. La guigne et le bigarreau sont à chair plus ferme et plus exposés aux vers que les variétés précédentes.

Vigne : Chasselas doré de Fontainebleau, chasselas rose, madeleine royale, précoce malingre.

Groseillier à grappes : Groseillier versaillais rouge, groseillier versaillais blanc.

Framboisiers : Framboise ordinaire à gros fruit rouge, idem à gros fruit blanc, merveille des quatre saisons.

Meilleures formes à donner aux arbres fruitiers. — Ces formes doivent réunir deux conditions : 1° Elles doivent convenir au mode de végétation des arbres fruitiers ; 2° Toutes les branches de l'arbre doivent subir l'influence de la lumière dans toutes leurs parties.

Sous le rapport des formes les arbres se divisent en deux catégories : les arbres à haute tige et les arbres à basse tige. Les **arbres à haute tige** se composent d'une tige qui ne donne naissance à des branches qu'à 1^m,50

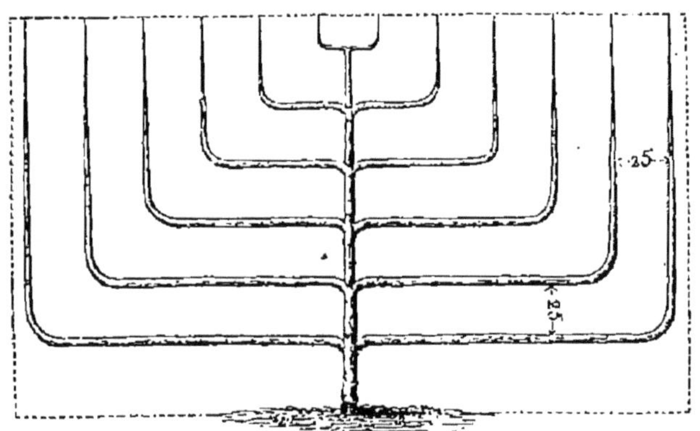

Fig. 66. — Charpente de la palmette Verrier.

ou 2 mètres de hauteur. Parmi les arbres à haute tige il y en a, comme certains poiriers, qui prennent naturellement la forme de pyramide, d'autres la forme en tête ou en boule. On donne quelquefois aux pommiers et aux pruniers la forme en vase.

Les formes des **arbres à basse tige** se divisent en formes propres aux arbres non palissés et en formes propres aux arbres palissés.

1° *Formes propres aux arbres non palissés.* — Nous conseillons principalement la forme en fuseau et en colonne. Le **fuseau** est très facile à obtenir ; beaucoup de poiriers s'y prêtent naturellement ; il a une hauteur de 4 à 5 mètres et une largeur à la base de 0^m,50 à 0^m,60 (fig. 68).

La colonne ressemble beaucoup au fuseau, mais les

branches de la partie inférieure sont aussi courtes que les
branches de la partie supérieure, de sorte que cet arbre

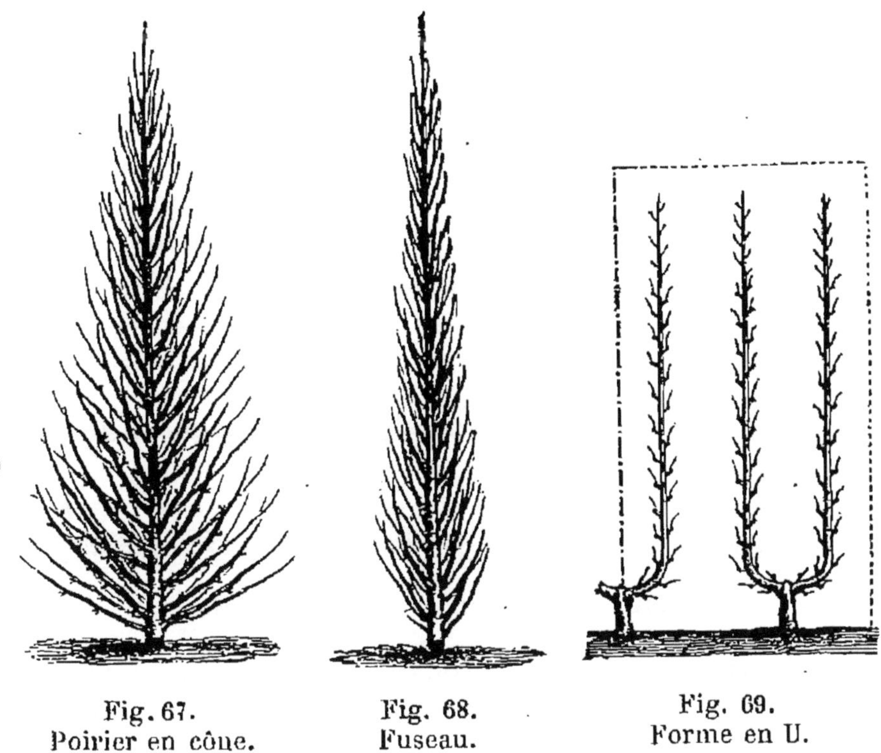

Fig. 67.
Poirier en cône.

Fig. 68.
Fuseau.

Fig. 69.
Forme en U.

n'a guère que 40 centimètres de diamètre. Les fuseaux
peuvent être placés à 1^m,50 de distance et les colonnes à

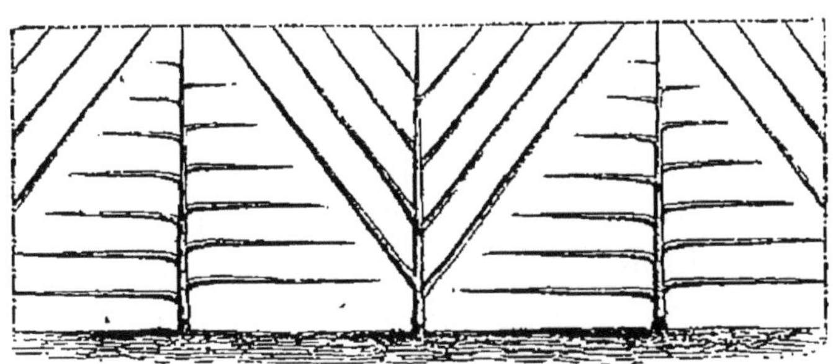

Fig. 70. — Palmettes simples.

1 mètre seulement. Ces arbres ne font guère d'ombre et
conviennent surtout aux petits jardins; on choisit, pour les

soumettre à ces formes, des variétés faibles ou de vigueur moyenne. Le *cône ou pyramide ordinaire* (fig. 67) n'a sa place que dans les grands jardins, et alors on doit lui préférer la *pyramide à ailes*.

2° *Formes propres aux arbres palissés.* — Citons d'abord la **palmette Verrier** (fig. 66) appelée encore **palmette-candélabre**. Les différentes branches de l'arbre s'équilibrent très bien dans cette forme qui convient à toutes les variétés, car on donne à chacune d'elles un nombre d'étages en rapport avec sa vigueur.

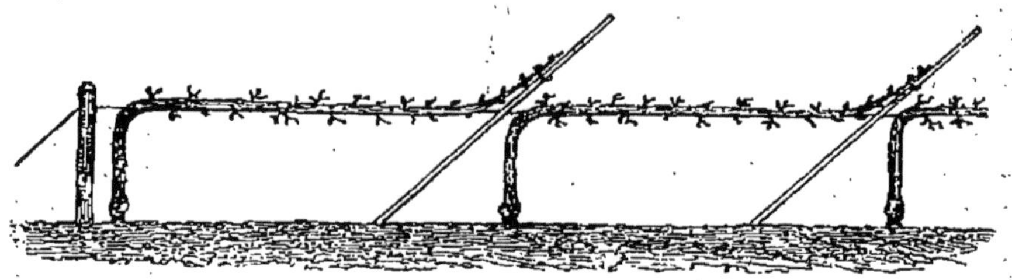

Fig. 71. — Pommier en cordon horizontal.

Les **palmettes simples** (fig. 70). — Les variétés faibles ou de vigueur moyenne auront les branches obliques et les variétés vigoureuses les branches horizontales, car les branches poussent d'autant moins vigoureusement que leur position se rapproche de l'horizontale. Cette disposition ne vaut pas la palmette-candélabre. Les formes précédentes conviennent pour *espalier* et pour *contre-espalier*; on appelle ainsi des espaliers attachés contre des fils de fer tendus en plein air.

Les *poiriers en U* (fig. 69) conviennent aux murailles très élevées comme les pignons de grange; les *pyramides à ailes* sont bien éclairées et donnent beaucoup de fruits; les *cordons horizontaux* (fig. 71) conviennent surtout aux pommiers nains.

JANVIER

AGRICULTURE. — Instruments destinés à battre les récoltes : Fléau. — Batteuse mécanique. — Tarares. — Trieurs. — Conservation des grains. — Engrais. — De quoi dépend leur valeur? Azote, potasse, chaux, acide phosphorique. *Fumiers ;* leur confection ; soins dont ils doivent être l'objet. — Emploi du fumier. — Eaux de fumier. — *Engrais animaux :* Purin ; comment on doit le recueillir et l'employer. — Engrais solides humains. Colombine et poulette. — Guano. — Excréments de mouton. — Os, noir animal, chair et sang des animaux. — Déchets de laine. — *Engrais végétaux :* Engrais verts. — Fucus. — Tourteaux. — Feuilles d'arbres. — Compost. — Tourbe.

HORTICULTURE. — Le jardin potager. — Division du jardin potager. — Engrais. — Labourage. — Semis. — Arrosage. — Transplantation. — Assolement du jardin.

AGRICULTURE

INSTRUMENTS DESTINÉS A BATTRE LES RÉCOLTES

On bat les céréales pour séparer le grain de la paille. Cette opération se fait, dans notre pays, au fléau ou à la machine à battre.

Le **fléau** se compose d'un cylindre de bois attaché à un long manche. Cet instrument n'est plus guère utilisé que dans les petites fermes où l'on recherche, pour nourrir les bestiaux, les débris de paille riches en épis que les vaches mangent volontiers. Le battage s'exécute dans la grange sur une surface dure et unie appelée *aire*.

La **batteuse mécanique** laisse moins de grain dans la paille que le fléau, le travail est plus économique et plus rapide. Les machines à battre sont établies à demeure, ou transportées, pour exécuter le battage, dans les fer-

mes et dans les champs ; elles sont mises en mouvement,
tantôt au moyen de la vapeur, tantôt au moyen d'un
manège mû ordinairement par deux ou trois chevaux.
Lorsque les machines à battre sont fixes, on utilise souvent la force motrice employée pour mettre en mouvement le hache-paille, le coupe-racines, etc. Certaines
machines à battre sont pourvues d'appareils de nettoyage,
de sorte que les grains sont vannés, criblés et divisés en
plusieurs catégories ; d'autres, très simples et peu coûteuses, donnent le grain mélangé à la balle. Voici comment fonctionne une machine à battre (fig. 72). Les

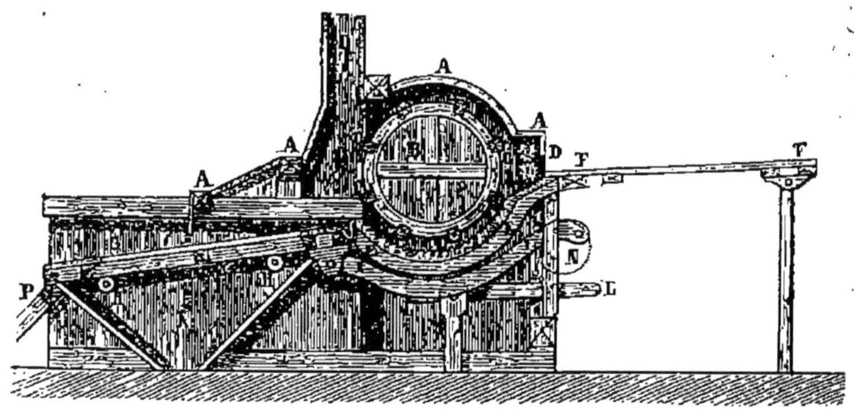

Fig. 72. — Machine à battre.

gerbes de céréales sont déliées et étalées sur la **table** FF ;
on les présente alors aux **cylindres cannelés** D qui, en
tournant l'un sur l'autre, les saisissent et les entraînent
sous le **batteur**, l'organe principal de la machine. Le
batteur se compose d'un tambour B armé de huit barres
saillantes que l'on fait aujourd'hui en fer ou en acier, et
auxquelles on donne une forme arrondie pour conserver
la paille. Ce tambour fait de 800 à 1,200 tours à la mi-
nute ; le courant d'air auquel il donne naissance entraîne
les poussières qui s'échappent par la **cheminée** Q. Les
épis, qui ont déjà subi l'action des cylindres cannelés,
ne tardent pas à abandonner leur grain sous l'influence
des chocs répétés de ces barres. Les céréales sont rete-

nues un certain temps en présence du batteur par le **contre-batteur** EE qui est en fonte et porte des cannelures dont l'effet est de retarder la marche des épis. A la sortie du batteur, la paille mêlée de grain est projetée par les **secoueurs** sur une claie GGP au pied de laquelle les ouvriers s'en emparent pour la lier. Quant au grain, il tombe dans la trémie K d'un **tarare** qui le nettoie, puis il passe quelquefois dans des **cribles** avant d'être reçu dans les sacs.

Dans certaines batteuses, les tiges des céréales sont présentées parallèlement au batteur, la paille est alors moins brisée et peut être vendue facilement ; dans d'autres, au contraire, les tiges sont présentées perpendiculairement au batteur qui brise la paille, ce qui n'a en somme aucun inconvénient lorsqu'elle doit servir de litière ou de nourriture aux bestiaux.

Fig. 73. — Tarare (coupe).

Les ouvriers qui présentent les céréales aux cylindres sont exposés à avoir les mains broyées s'ils sont distraits ; certains constructeurs, pour éviter tout accident, ajoutent à la batteuse un **alimentateur automatique**.

Le **tarare** (fig. 73) est destiné à nettoyer les graines des céréales. Il se compose d'une **trémie** C dans laquelle on met le grain à nettoyer et dont on règle le débit, soit au moyen d'une *trappe* qu'on ouvre plus ou moins, soit plus rarement au moyen d'un *cylindre cannelé* D. Le grain, sortant de la trémie, tombe sur la **grille** F qui est animée d'un mouvement de va-et-vient; en même temps il est soumis à l'action d'un vif courant d'air déterminé par un **ventilateur à ailettes** qu'on fait tourner à l'aide d'une manivelle. Le grain, plus lourd que les balles, tombe sur le **plan incliné** KK et roule sur le sol pendant que les balles sont projetées en dehors du tarare. Les grains entourés de balles sont légèrement

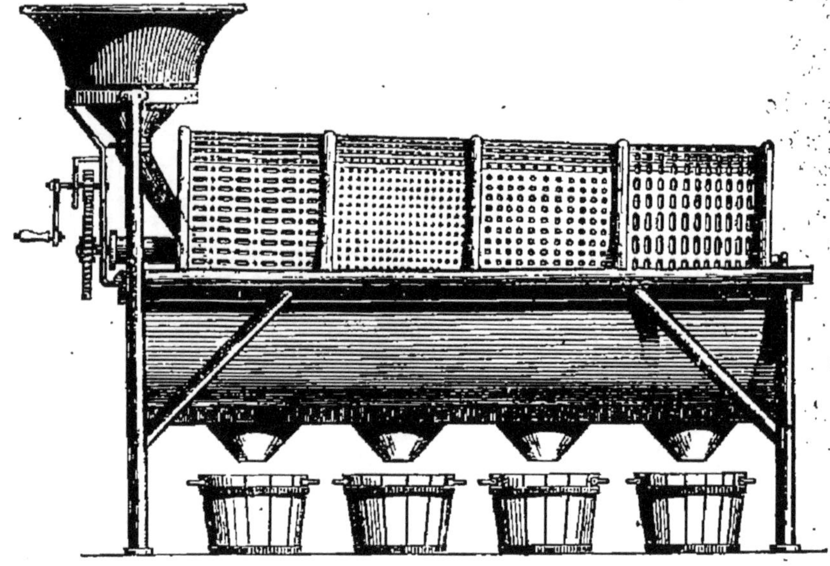

Fig. 74. — Trieur.

entraînés par le courant d'air et tombent en L. On les recueille pour les battre de nouveau.

Les **trieurs de grains** sont d'invention française, ils séparent les grains de diverses natures, de diverses grosseurs, et aussi les corps plus lourds comme les petites pierres. Ils servent principalement à la préparation du blé de semence. Leurs prix varient de 120 à 550 francs et l'on peut nettoyer de 1 hectolitre et demi à 6 hectolitres de grain par heure. Tous les trieurs sont formés d'un cylindre en tôle, tantôt percé de trous de différents diamètres (fig. 74) et tantôt présentant de petites cavités en forme d'alvéoles ; ces derniers passent aujourd'hui pour être de beaucoup les meilleurs. Pour se servir du trieur, on fait tourner le cylindre au moyen de la manivelle ; alors le grain préalablement versé dans la trémie tombe dans le cylindre qui est incliné et avance peu à peu ; la séparation des graines s'accomplit de telle façon que les trois premiers récipients reçoivent les graines de mauvaises herbes, et les grains de blé mal venus, tandis que le blé de choix tombe dans le quatrième récipient.

CONSERVATION DES GRAINS

Les cultivateurs ne cherchent plus aujourd'hui à conserver longtemps leurs grains, l'importation des céréales étrangères ayant rendu leurs prix moins sujets aux variations. Le grain battu et nettoyé est répandu sur le grenier en couches d'abord peu épaisses, mais que l'on augmente à mesure que le grain sèche. Pour favoriser la dessiccation et empêcher le grain de s'échauffer, ce qui en diminuerait la valeur, il faut le remuer souvent à la pelle. Le grenier, tenu proprement, sera bien aéré et les ouvertures seront garnies de toile métallique pour éviter l'introduction des animaux nuisibles : souris, rats, etc. En garnissant le bas des murs du grenier de feuilles de zinc de 0^m,80 de hauteur, on empêchera les rongeurs qui s'y seraient introduits de s'en échapper et il sera alors facile de les détruire. Dans les grandes exploitations, les céréales sont conservées dans des greniers spéciaux qui ne sont autre chose que de grands cylindres en tôle contenant plusieurs centaines d'hectolitres.

Les céréales sont attaquées par plusieurs insectes et en particulier dans notre pays par le charançon et la fausse-teigne.

Le **charançon du blé** encore appelé *calandre* (fig. 75) est un petit coléoptère de 3 à 4 millimètres de longueur. On appelle coléoptères les insectes qui ont les ailes supérieures dures comme chez les hannetons. Le charançon subit des transformations tout à fait semblables à celles de l'abeille. La femelle pond un très grand

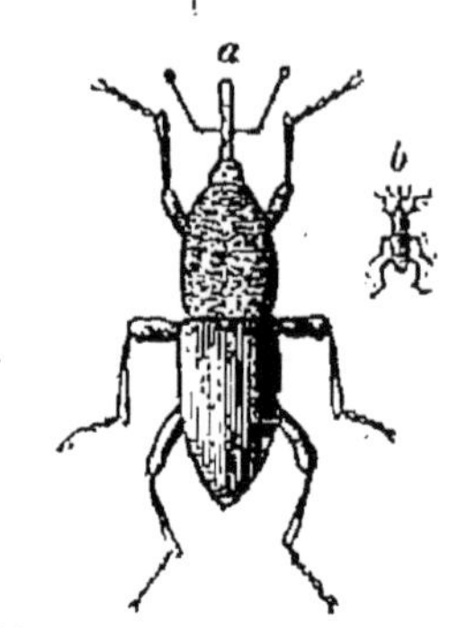

Fig. 75. — Calandre du blé grossie (*a*) ; de grandeur naturelle (*b*).

nombre d'*œufs* dont chacun est déposé sur un grain de blé ; chaque œuf donne bientôt naissance à un petit *ver blanchâtre* qui pénètre dans le grain et le mange intérieurement. Quand il ne reste plus que l'écorce, ce qui arrive au bout de cinq à six semaines, la larve se transforme en *chrysalide* puis en *insecte parfait* qui sort du grain de blé. C'est alors que le cultivateur s'aperçoit de sa présence, mais il est trop tard, le mal est fait. On aurait pu cependant constater les dégâts causés par la larve en jetant une poignée de blé dans l'eau, les grains attaqués surnagent, tandis que les grains intacts tombent au fond de l'eau.

Pour prévenir les ravages du charançon dans les tas de blé, on conseille de déposer à leur surface des plantes aromatiques telles que l'absinthe et la tanaisie. Lorsque le blé est attaqué on en remplit incomplètement de grands tonneaux dans lesquels on introduit de l'ouate imbibée de sulfure de carbone. On bouche les tonneaux qu'on roule deux ou trois fois en vingt-quatre heures, puis on retire le blé et l'on recommence l'opération sur une nouvelle quantité de grain. Le blé ainsi traité conserve ses propriétés germinatives et ne perd rien au point de vue de ses qualités alimentaires ; la mauvaise odeur qui tue les larves de charançon se dissipe en quelques jours. Il faut 500 grammes de sulfure de carbone par 1,000 kilogrammes de blé attaqué.

On remplace quelquefois le sulfure de carbone par l'acide sulfureux obtenu en faisant brûler une mèche soufrée dans le tonneau, et alors quelques minutes de contact suffisent,

Teigne des blés. — La larve de ce petit papillon, appelée encore *fausse-teigne des blés* (fig. 76), ronge les grains de blé qu'elle entoure de nombreux fils de soie. Ainsi enveloppé le blé s'échauffe et contracte bientôt une mauvaise odeur. Cet insecte est moins à craindre que le charançon ; on s'aperçoit plus facilement de ses ravages et pour l'éloigner il suffit de pelleter souvent le grain.

Fig. 76. — Teigne de grains.

ENGRAIS. — DE QUOI DÉPEND LEUR VALEUR ? AZOTE, POTASSE, CHAUX, ACIDE PHOSPHORIQUE

Rien ne se crée, rien ne se détruit, a dit avec raison Lavoisier. La plante, en effet, pour se développer, emprunte à la terre et à l'atmosphère des principes qui tôt ou tard leur seront restitués. Elle tire son *carbone* de l'acide carbonique de l'air, sous l'influence de la lumière solaire. (*Expérience : montrer une plante cultivée en pot et qu'on a laissée quelque temps dans une cave obscure ; ses tissus manquent de carbone, elle est étiolée.*) La plante trouve l'*oxygène* et l'*hydrogène* de ses tissus dans l'eau, qui est formée par la combinaison de ces deux gaz ; les composés azotés lui donnent l'*azote* et elle puise dans le sol une foule d'*éléments minéraux*.

Lorsque la plante meurt elle se décompose, c'est-à-dire qu'elle se transforme en acide carbonique, en eau, en combinaisons azotées et en autres matières minérales qui sont restituées à l'air et au sol. Si elle sert de nourriture aux bestiaux, elle fournit deux aliments : l'aliment respiratoire et l'aliment azoté. L'aliment respiratoire apporte principalement le carbone qui se combine avec l'oxygène de l'air, dans le corps des animaux, pour former l'acide carbonique rejeté par la respiration. L'aliment azoté, après avoir formé les tissus de l'animal, subit une transformation et est expulsé du corps à l'état de composés azotés cristallisables que l'on retrouve principalement dans les urines. Les éléments qui composent les plantes peuvent donc être assimilés par les animaux et passer dans le règne animal ; puis les animaux les restituent au règne minéral où de nouveau ils sont absorbés par les plantes, et ainsi de suite. Lorsque le cultivateur connaîtra ces transformations successives, il comprendra mieux que son intérêt l'oblige à recueillir avec soin les déjections des animaux.

Ces déjections seules, converties en fumier et en purin, suffiraient pour entretenir les terres dans leur état de fertilité, si toutes les récoltes qu'elles donnent étaient consommées dans la ferme ; mais nous savons qu'un certain nombre d'entre elles, comme le blé, les betteraves, etc., sont vendues, et que les principes qu'elles renferment ne seront pas restitués aux terres par les engrais de la ferme. On comble le déficit qui se produit par l'achat de substances telles que tourteaux, nitrates, etc.

On appelle **engrais** les substances animales, végétales ou minérales renfermant les principes nécessaires à la nourriture des plantes, et que l'on peut se procurer à prix peu élevés pour les employer dans la culture.

Il n'est pas nécessaire que tous les éléments absorbés par les plantes soient contenus dans les engrais ; en effet, la plupart d'entre eux se trouvent dans le sol et en assez grande quantité pour n'être jamais épuisés par les cultures successives. Quatre seulement peuvent faire défaut : c'est l'azote, l'**acide phosphorique**, la **potasse** et la **chaux** ; ils constituent la richesse d'un engrais et en déterminent le prix. Le cours de ces substances est actuellement pour l'azote environ 2 francs le kilogramme, pour l'acide phosphorique soluble 1 franc, et pour la potasse 0 fr. 80. La chaux n'est pas ordinairement estimée. Nous avons dit à propos des assolements que le cultivateur devait employer, pour la culture de chaque plante, la quantité maximum d'engrais qu'elle demande.

Pour déterminer cette quantité, il pourra consulter le tableau suivant, qui indique la proportion de principes absorbés par chaque récolte.

Table présentant la composition moyenne de 1,000 kil. de substance végétale à l'état normal (fraîche ou séchée à l'air) (1).

DÉSIGNATION DES VÉGÉTAUX.	AZOTE.	ACIDE phosphorique.	POTASSE.	CHAUX.	POIDS DE L'HECTOLITRE.	POIDS DE PAILLE accompagnant 1,000 kil. de grains.
	kil.	kil.	kil.	kil.	kil.	kil.

1º *Grains et graines.*

DÉSIGNATION DES VÉGÉTAUX.	AZOTE.	ACIDE phosphorique.	POTASSE.	CHAUX.	POIDS DE L'HECTOLITRE.	POIDS DE PAILLE accompagnant 1,000 kil. de grains.
Blé d'hiver	20.8	7.9	5.3	0.6	75	2.250
Blé de printemps	20.5	8.9	5.5	0.5	»	»
Seigle d'hiver	17.6	8.2	5.4	0.5	72	2.500
Orge d'hiver	16.0	5.6	2.6	0.2	64	1.600
Orge de printemps	15.2	7.7	4.5	0.6	56	1.600
Avoine	17.9	5.5	4.2	1.0	47	1.800
Pois	35.8	8.6	9.8	1.2	81	2.200
Fèves de marais	40.8	11.9	13.1	1.5	80	2.500
Lentilles	38.1	5.2	7.7	0.6	»	»
Colza	31.0	16.5	9.6	5.5	70	2.200
Lin	32.0	13.0	10.4	2.7	70	»
Chanvre	26.2	17.5	9.7	11.3	52	»
Cameline	37.6	16.1	10.5	3.3	»	»
Pavot	28.0	16.4	7.1	18.5	63	2.500
Vesces	44.0	7.9	6.3	0.6	»	2.000
Trèfle rouge	30.5	14.5	13.5	2.5	»	»
Betteraves	16.9	7.5	11.1	10.2	»	»

2º *Pailles.*

DÉSIGNATION DES VÉGÉTAUX.	AZOTE.	ACIDE phosphorique.	POTASSE.	CHAUX.	POIDS DE L'HECTOLITRE.	POIDS DE PAILLE accompagnant 1,000 kil. de grains.
Blé d'hiver	3.2	2.2	6.3	2.7	»	»
Blé de printemps	2.4	2.0	11.0	2.6	»	»
Seigle d'hiver	2.4	1.9	7.6	3.1	»	»
Orge	4.8	1.9	9.4	3.2	»	»
Avoine	4.0	1.8	9.7	3.6	»	»
Pois	10.4	3.5	10.1	16.2	»	»
Fèves de marais	16.3	4.1	25.9	13.5	»	»
Colza	3.0	2.4	11.1	11.6	»	»
Pavot	»	2.3	25.1	19.9	»	»
Vesces	12.2	2.7	6.3	15.6	»	»

(1) Extrait de l'ouvrage *la Ferme.* Masson, éditeur

DÉSIGNATION DES VÉGÉTAUX.	AZOTE.	ACIDE phosphorique.	POTASSE.	CHAUX.	POIDS DE L'HECTOLITRE.	POIDS DE PAILLE accompagnant 1,000 kil. de grains.
	kil.	kil.	kil.	kil.	kil.	kil.

3º *Balles et siliques.*

DÉSIGNATION DES VÉGÉTAUX.	AZOTE.	ACIDE phosphorique.	POTASSE.	CHAUX.	POIDS DE L'HECTOLITRE.	POIDS DE PAILLE
Balles de blé d'hiver.	7.2	4.0	8.5	1.8	»	»
Balles de seigle d'hiv.	5.0	5.6	5.3	3.5	»	»

4º *Fourrages verts et secs.*

DÉSIGNATION DES VÉGÉTAUX.	AZOTE.	ACIDE phosphorique.	POTASSE.	CHAUX.	POIDS DE L'HECTOLITRE.	POIDS DE PAILLE
Herbe de pré jeune..	5.0	2.2	11.6	2.2	»	»
Herbe de pré en fleurs	4.4	1.5	6 0	2.7	»	»
Foin de prairie.....	14.2	4.1	13.2	8.6	»	»
Avoine en fleurs....	3.8	1.4	6.5	1.1	»	»
Orge en fleurs......	3.6	2.2	5.9	1.4	»	»
Seigle fourrage.....	4.3	2.4	6.3	1.2	»	»
Trèfle rouge en fleurs	5.3	1.4	4.4	4.8	»	»
Foin de trèfle rouge.	21.3	5.6	18.3	20.0	»	»
Trèfle incarnat (vert).	5.1	0.9	2.8	3.8	»	»
Luzerne verte.......	7.2	1.6	4.6	7.9	»	»
Luzerne fanée.......	23.0	5.5	15.3	26.2	»	»
Sainfoin fané.......	21.3	4.6	13.0	16.8	»	»
Maïs vert...........	3.2	1.3	4.3	1.6	»	»

5º *Racines et tubercules.*

DÉSIGNATION DES VÉGÉTAUX.	AZOTE.	ACIDE phosphorique.	POTASSE.	CHAUX.	POIDS DE L'HECTOLITRE.	POIDS DE PAILLE
Pommes de terre....	3.2	1.6	5.7	0.2	»	»
Betteraves fourragèr.	1.8	0.6	4.1	0.3	»	»
Betteraves à sucre..	1.6	0.8	3.9	0.4	»	»
Carottes............	2.1	1.0	2.8	0.9	»	»
Navets.............	1.3	1.1	3.1	0.8	»	»
Rutabagas..........	1.7	0.8	3.6	2.6	»	»

6º *Feuilles des plantes-racines.*

DÉSIGNATION DES VÉGÉTAUX.	AZOTE.	ACIDE phosphorique.	POTASSE.	CHAUX.	POIDS DE L'HECTOLITRE.	POIDS DE PAILLE
Betteraves fourragèr.	3.0	0.8	4.1	1.6	»	»
Betteraves à sucre..	3.0	1.3	6.5	2.7	»	»
Pommes de terre...	6.3	1.0	2.3	5.1	»	»
Carottes............	5.1	1.0	2.9	8.5	»	»

Outre ces **restitutions directes** que le cultivateur effectue, il se produit des **restitutions naturelles** dues à l'air atmosphérique, aux eaux de pluie et aux eaux souterraines qui apportent dans le sol une certaine quantité de matières fertilisantes. Le cultivateur de notre pays ne tient pas compte de ces restitutions indirectes, de sorte que le sol s'enrichit plutôt qu'il ne s'appauvrit : c'est ce qu'on appelle la **culture améliorante.**

Une exception est cependant faite pour les légumineuses : trèfle, luzerne, sainfoin qui absorbent une assez forte proportion d'azote dans l'air ; le cultivateur ne restitue pour ces récoltes qu'une certaine partie de l'azote qu'elles contiennent.

Avant de commencer l'étude particulière des engrais, il est bon d'indiquer le rôle spécial de chacune des substances qu'ils renferment.

L'azote est le principe le plus recherché dans les engrais ; l'atmosphère en renferme bien les quatre cinquièmes de son volume, mais à l'état libre, il n'entre que très difficilement en combinaison et ne sert guère de nourriture aux plantes ; le cultivateur doit donc le chercher dans les composés : fumier, purin, nitrates, sels ammoniacaux.

Lorsque les matières azotées sont en abondance dans le sol, les plantes prennent de grandes proportions et une couleur d'un vert foncé. Les engrais azotés conviennent à tous les terrains.

L'acide phosphorique rend les plantes de meilleure qualité ; on le trouve dans toutes les récoltes, mais particulièrement dans les graines des céréales ; il ne peut pas être restitué au sol naturellement ; le cultivateur doit se préoccuper de le rendre à la terre.

Mais on trouve des terrains naturellement riches en phosphates et dans lesquels cette restitution serait faite en pure perte. « Il n'est pas douteux, dit M. Dehérain dans son cours de chimie agricole, que les phosphates soient nécessaires au développement des végétaux, et cependant, dans nos départements du Nord, où la cul=

ture est très avancée, ils ne présentent aucune utilité, vraisemblablement parce que le sol en est fourni ; ils exercent au contraire une action des plus marquées en Bretagne. » La richesse du sol en acide phosphorique peut évidemment varier selon les régions ; les champs de démonstration, que l'on établirait dans un grand nombre de localités, donneraient des renseignements précieux sur la nécessité plus ou moins grande qu'il y a de restituer l'acide phosphorique.

La potasse n'a pas au point de vue agricole une importance égale à celle de l'azote et de l'acide phosphorique ; elle fait rarement défaut dans la terre arable et celle que contient le fumier suffit ordinairement aux récoltes. Il en est de même de la **chaux**.

Fumiers ; leur confection ; soins dont ils doivent être l'objet. — Emploi du fumier. — Eaux de fumier. — Les fumiers sont formés des déjections animales mélangées à la paille ou litière ; ils constituent l'engrais le plus complet et le moins coûteux, et, suivant leur nature, ils peuvent servir d'amendement aux terres. On les divise en *fumiers chauds* dont la fermentation est active, exemple : fumier de cheval et de mouton ; et en *fumiers froids* qui se décomposent plus lentement, exemple : fumier de vache et de porc. Les fumiers chauds doivent leurs propriétés à ce qu'ils sont plus riches en matières azotées, et cependant on les estime généralement moins que le fumier de vache ; c'est que leur fermentation n'est pas assez surveillée ; ils s'échauffent trop et perdent une partie de leur azote. On évitera cette déperdition en les mélangeant aux fumiers froids.

La valeur du fumier dépend de la nourriture du bétail, de la litière employée, et des soins qu'on lui donne dans la cour de la ferme.

Nourriture du bétail. — Plus la nourriture est riche en azote, plus cette substance est abondante dans les déjections.

Le cheval reçoit une nourriture plus riche que la vache, nous venons de voir que ses déjections sont plus azotées. Nos cultivateurs estiment avec raison le fumier des bêtes à l'engrais ; les matières azotées qui ne sont pas assimilées se retrouvent dans ce fumier.

Litière. — Les pailles des céréales forment certainement la meilleure litière pour les bestiaux ; elles leur procurent un bon coucher et se mêlent bien aux excréments. Mais on a tort de rejeter les fanes de pois, de haricots, de fèves, de pomme de terre, de colza et d'œillette ; ces substances sont beaucoup plus riches en azote, en acide phosphorique et en potasse que les pailles de céréales sous lesquelles on devrait les placer dans les étables, surtout quand il y a disette de paille. Si on ne les emploie pas dans les étables, on devrait au moins les répandre au fond de la fosse à fumier où elles seraient broyées dans le jus de fumier sous les pieds des bestiaux.

Certains cultivateurs, avant de mettre la litière dans les étables, jettent un peu de terre sèche sur le pavé. Cette terre absorbe bien les engrais et ne peut que donner au fumier un peu plus de volume et de compacité. D'autres saupoudrent le fumier des étables avec du phosphate de chaux ; c'est un moyen d'accroître en acide phosphorique la richesse de l'engrais.

Soins à donner au fumier. — Les étables et les écuries sont nettoyées tous les cinq ou six jours, et le fumier est transporté dans la fosse qui lui est destinée et à laquelle on donne ordinairement une profondeur de 80 centimètres à 1 mètre. Le fond de cette fosse, rendu imperméable, est un peu en pente et, à l'endroit le plus bas, on creuse un petit réservoir où s'accumule le purin dont on se sert pour arroser le fumier. On suppose cette fosse divisée en deux ou trois parties que l'on charge successivement en donnant au tas sa hauteur maximum, soit 1^m,50. Il vaut mieux que le tas de fumier soit un peu haut et présente une surface moins grande : il reçoit ainsi peu de pluie et les vapeurs ammoniacales ne s'en échappent pas aussi facilement. Le fumier doit être piétiné par les animaux domestiques ; s'il n'était pas suffisamment tassé, l'air le pénétrerait trop aisément et il blanchirait ; or le fumier

blanchi a perdu beaucoup de sa valeur. On doit arroser
souvent le fumier, de manière à provoquer la fermentation et à la modérer ensuite. Les arrosages trop copieux
auraient le double inconvénient de laver le fumier et
d'arrêter la fermentation sous l'influence de laquelle les
matières azotées, contenues dans le fumier, ne tardent
pas à se transformer en carbonate d'ammoniaque émi-
nemment propre à la nourriture des plantes. Le **carbonate d'ammoniaque** est un sel blanc qui peut se dissoudre dans l'eau et s'évaporer dans l'air ; il importe de
le conserver dans le fumier à cause de ses propriétés fertilisantes. (*Montrer du carbonate d'ammoniaque que l'on
garde dans un flacon bien bouché, en faire dissoudre un
morceau dans l'eau et constater que cette eau répand la
même odeur que les urines et le fumier fermentés.*) On
empêchera pour cela l'accès des eaux de pluie dans le
fumier, en faisant sur les bords de la fosse un talus qui
écarte les eaux pluviales provenant des autres parties
de la cour. Les eaux qui tombent directement sur le
fumier serviront d'arrosages et seront rarement trop
abondantes.

On évite l'évaporation de l'ammoniaque en n'ouvrant
pas les tas de fumier inutilement, ou quelquefois encore
en répandant à leur surface une mince couche de terre
mélangée de plâtre.

Emploi du fumier. — Le fumier frais est long et pail-
leux ; appliqué aux terres compactes il se décompose
difficilement, et, enterré dans les sols sablonneux, il s'y
dessèche et rend ces terrains plus légers encore. Le fumier très décomposé prend une couleur noire ; il a perdu
la moitié de son volume et la moitié de ses principes.
Entre ces deux extrêmes il faut choisir une moyenne, et
employer le fumier lorsqu'il a passé quelques mois dans
la fosse et qu'il se laisse facilement déchirer par la
fourche.

On prend dans la cour le fumier le plus avancé en
décomposition, et l'on a soin de vider complètement la
fosse, de manière que l'ancien fumier ne se trouve pas

toujours enfoui sous le nouveau. Ce fumier est conduit dans les champs et immédiatement répandu ; on l'enterre le plus tôt possible par un labour superficiel. Si le transport s'effectue par la gelée, en plein hiver, ce qui est du reste très avantageux, on évitera de déposer le fumier en petits tas qui seraient exposés à rester jusqu'au printemps, abandonnant à la place qu'ils occupent tous les principes solubles et perdant dans l'air une partie des principes volatils. On fera plutôt, au milieu du champ, un tas élevé terminé à sa partie supérieure en forme de toit à deux ou quatre pans fortement battus avec une pelle ; on aura vite fait au printemps de répandre ce fumier dans le champ.

Dans le Nord on répand généralement 30 à 40,000 kilogrammes de fumier par hectare pour une rotation de trois ans, mais pour une forte fumure cette quantité s'élève à 60,000 kilogrammes. Un bon fumier de ferme contient pour 1,000 parties : *azote 4, acide phosphorique 2, potasse 4, chaux 4 à 5.*

Eaux de fumier. — Elles ne seront jamais abondantes si l'on prend les précautions dont nous avons parlé précédemment. Quoi qu'il en soit, après quelques pluies d'orage on pourra en trouver une certaine quantité que l'on transportera, comme le purin, sur les champs et en particulier sur les prairies.

ENGRAIS ANIMAUX

Purin : comment on doit le recueillir et l'employer. — Les déjections solides des animaux sont formées par les résidus des aliments qui ont traversé le tube digestif sans être digérés, tandis que la meilleure partie des aliments, celle qui a été digérée et assimilée, se retrouve finalement dans les urines sous forme de matières azotées. Ce seul fait nous apprend déjà que les urines doivent être plus riches en azote que les excréments solides. Les renseignements donnés par la chimie confirment d'ailleurs les remarques précédentes.

1,000 kilogrammes de déjections solides contiennent pour le cheval 4ᵏⁱˡ,5 d'azote, pour la vache 3 kilogrammes, et 1,000 kilogrammes de déjections liquides contiennent pour le cheval 15 kilogrammes d'azote, pour la vache 5 kilogrammes.

Le cultivateur a donc tout intérêt à ne point laisser perdre les urines des bestiaux. On les recueille, dans le Nord, dans des citernes en briques cimentées à l'intérieur; et on les transporte dans les champs à l'aide de tonneaux montés sur deux roues, qu'on emplit généralement avec la **pompe Beaume** (fig. 77). Cette pompe est en fonte et présente le double avantage de coûter bon marché et de servir parfaitement à l'usage indiqué; on peut encore l'employer en y ajoutant un tuyau recourbé terminé par une lance, pour arroser commodément le fumier, surtout en été. Le purin exerce une action rapide et puissante sur la végétation; il favorise principalement le développement des parties vertes et des racines; on l'emploiera donc sur les prairies naturelles, les prairies artificielles, et sur les terres qui doivent recevoir les choux, les betteraves de vache, etc. Répandu au printemps sur une céréale qui languit, il la fait changer d'aspect en 15 jours, mais il ne faut pas en abuser par crainte de la verse. On choisit pour l'arrosage un temps humide; par un temps sec le purin brûle les végétaux.

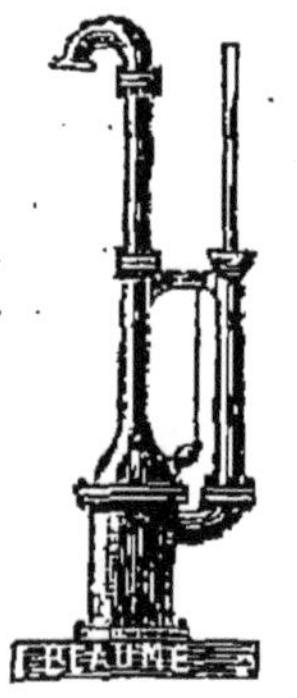

Fig. 77.
Pompe Beaume.

Engrais solide humain. — C'est un engrais riche qui agit énergiquement, mais seulement sur la récolte de l'année; on l'appelle encore *engrais flamand* parce qu'il est beaucoup employé dans les Flandres. Il contient par 1000 kilogrammes 9 kilogrammes d'azote, 3 kilogrammes d'acide phosphorique et 2 kilogrammes de potasse; on lui reproche de nuire à la qualité des plantes auxquelles il communique un goût âcre; il serait donc bon de l'employer avec d'autres engrais.

L'engrais flamand est quelquefois desséché à l'air et

réduit en **poudrette**, mais il perd alors une grande partie de sa valeur ; la meilleure façon de l'employer est de le désinfecter avec une dissolution de *sulfate de fer* dans la proportion de 2 à 3 kilogrammes par hectolitre de matières ; on peut y ajouter de la suie, du poussier de charbon, du plâtre, etc. L'engrais flamand est surtout utilisé pour les légumes à odeur forte : chou, poireau, oignon, ail, échalote et dans la grande culture pour les plantes industrielles, colza, tabac, etc.

Colombine et poulette. — On appelle colombine les excréments des pigeons et poulette les excréments des autres oiseaux de basse-cour.

Ce sont des engrais extrêmement riches en azote ; la poulette en renferme cinq fois plus que le fumier, et la colombine en contient le double de la poulette. Cette richesse des excréments d'oiseaux tient à ce que ceux-ci se nourrissent surtout de grains et que leurs urines épaisses et blanchâtres ne sont pas rejetées séparément, mais viennent s'ajouter aux excréments solides dans l'extrémité postérieure du tube digestif.

Ces engrais conviennent aux terres humides et froides et pour la culture du lin, du tabac, des céréales. Les oignons deviennent très gros sous l'influence de la colombine et de la poulette.

Le guano est formé par les déjections d'oiseaux de mer accumulées depuis un temps immémorial dans les îles désertes et principalement sur les côtes du Pérou, du Chili et de la Bolivie. Plusieurs gisements sont déjà épuisés.

Le guano est un engrais très riche, contenant par 100 kilogrammes, lorsqu'il est bon, 10 kilogrammes d'azote, 10 kilogrammes d'acide phosphorique et $2^{kil},5$ de potasse ; il agit très vite, aussi est-il répandu comme engrais complémentaire au moment des semailles, ou pendant la végétation, pour la culture des céréales, des colzas, des betteraves, etc. Il donne de meilleurs résultats dans les terrains qui ne sont pas calcaires, parce qu'ordinairement ces terrains ne sont pas riches en acide phosphorique. On le répand sur les plantes autant que possible avant une pluie.

Excréments de mouton. — Dans beaucoup d'endroits en France, et pendant toute la bonne saison, on fait parquer les moutons, c'est-à-dire qu'on les enferme dans une enceinte appelée **parc** formée de claies mobiles où ils passent la nuit et une partie du jour. Les excréments de mouton sont un engrais chaud qui convient aux terres froides ; on pratique le parcage principalement pour la culture du colza, des navets, de l'avoine, de l'orge, etc., et sur les céréales de printemps semées en terres légères.

Os, noir animal. — Les os sont principalement composés d'une matière azotée appelée *gélatine*, de *phosphate* et de *carbonate de chaux*. (*Expérience : Mettre un os dans de l'eau contenant un peu d'acide chlorhydrique ; au bout de quelques jours il ne reste plus que la gélatine. — Faire brûler un os à l'air libre ; on obtient une matière blanche et sonore qui est le phosphate et le carbonate de chaux.*) Les os sont utilisés pour l'acide phosphorique et l'azote qu'ils contiennent ; 100 kilogrammes d'os renferment environ 42 kilogrammes de phosphate de chaux et 5 kilogrammes d'azote ; ils se décomposent lentement, surtout lorsqu'ils sont simplement broyés ; on active leur décomposition en les jetant dans l'acide sulfurique étendu d'eau ; on forme ainsi une pâte que l'on mêle ordinairement aux engrais liquides.

Les os conviennent aux cultures de longue durée et aux terres qui ne renferment pas assez de calcaire ; on les emploie dans la proportion de 1 000 à 1 500 kilogrammes par hectare.

Le **noir animal** est obtenu en calcinant les os en vase clos ; le carbone ne pouvant pas se combiner avec l'oxygène de l'air reste dans les os. Le noir animal renferme 75 p. 100 de phosphate de chaux, et seulement 1 ou 2 p. 100 d'azote ; il produit d'excellents effets dans les terrains nouvellement défrichés et dans tous les terrains acides. Le fumier doit toujours être associé aux os et au noir animal, l'acide carbonique auquel il donne naissance favorise la dissolution du phosphate de chaux.

Chair et sang des animaux. — La chair et le sang des animaux provenant des équarrissoirs et des abattoirs sont traités de différentes façons et en particulier par la chaux. La chaux vive enterrée avec la chair se transforme en albuminate de chaux que l'on emploie comme engrais pulvérulent. Ces engrais sont riches et agissent rapidement; on les emploie dans la proportion de 1 000 kilogrammes à l'hectare.

Déchets de laine. — Les déchets de laine renferment 8 à 10 p. 100 d'azote qui ne se dégage que très lentement ; aussi cet engrais ne coûte pas bien cher. Il s'emploie pour les cultures de longue durée dans la proportion de 1 500 kilogrammes par hectare.

ENGRAIS VÉGÉTAUX

Engrais verts. — On trouve des plantes comme la *navette*, le *colza*, les *fèves*, le *sarrazin* qui, pendant leur première évolution très rapide, puisent, dans l'atmosphère, une grande partie de leur nourriture. Si l'on enterre ces plantes avant la floraison, elles restituent au sol les éléments qu'elles lui ont enlevés : ce sont d'excellents engrais végétaux qui enrichissent la terre des principes qu'ils ont tirés de l'air. Ils est bon de les additionner d'une certaine quantité de chaux pour enlever leur acidité. Les engrais verts conviennent aux climats chauds et aux terrains légers auxquels ils donnent une certaine fraîcheur en été ; dans notre pays, le bétail est trop nombreux et le fourrage vert trop nécessaire à sa nourriture pour qu'on use des végétaux de cette manière. Cependant, dans ces dernières années, on a beaucoup semé la *luzerne lupuline* ou *minette* dans les céréales; après la moisson la luzerne continue de croître jusqu'au printemps, époque à laquelle on laboure le terrain; on trouve que cet engrais vert, qui ne fait perdre aucune récolte, vaut une demi-fumure.

Les feuilles de betteraves, de pommes de terre, de

navets qui forment une médiocre nourriture pour les bestiaux, contiennent plus de principes fertilisants que le fumier, aussi faut-il avoir soin de les enterrer si on ne les emploie pas à l'alimentation du bétail.

Les racines des plantes propres aux prairies artificielles constituent, lorsqu'on laboure les prairies, le meilleur et le plus économique des engrais verts.

Les **fucus ou varechs** sont des plantes que l'on trouve dans la mer et que l'on emploie comme engrais dans les terrains calcaires situés à proximité des côtes. Après leur dessiccation à l'air, ces plantes renferment de la potasse et deux ou trois fois plus d'azote que le fumier; elles sont donc une précieuse ressource pour les cultivateurs qui peuvent en user. On les emploie pour la culture des pommes de terre, des betteraves, etc. Les plantes aquatiques de nos rivières et de nos canaux, retirées de l'eau et enterrées peu de temps après, sont, pour les terrains légers, un bon engrais qui ne sert qu'à une récolte.

Tourteaux. — On donne ce nom aux résidus des graines oléagineuses dont on a extrait l'huile. La plupart des principes azotés contenus dans la plante se rendent dans la graine au moment de sa formation ; la graine donne l'huile qui ne renferme pas d'azote et le tourteau qui doit par conséquent contenir ce principe en grande quantité.

On divise les tourteaux en *tourteaux chauds :* tourteaux de cameline, d'œillette, de chènevis, et en *tourteaux froids :* tourteaux de colza et de lin.

Les tourteaux concassés sont employés comme engrais complémentaire soit au moment des semis, soit sur les céréales au printemps; on tâche dans ce dernier cas de les répandre avant une pluie. On les délaye quelquefois aussi dans la citerne au purin.

Les tourteaux contiennent en moyenne, par 100 kilogrammes, 5 kilogrammes d'azote, 2,5 d'acide phosphorique et 1 de potasse ; ils sont donc 10 fois plus riches que le fumier ; aussi en répand-on 10 fois moins par hectare, soit 1000 kilogrammes.

Ils conviennent principalement aux terres légères où

on les emploie surtout pour la culture des céréales et des graines oléagineuses.

Voici les noms des tourteaux les plus employés dans notre pays avec leur richesse en azote par 100 kilogrammes de substance.

Tourteaux de *colza des Indes*, 5,60 ; de *sésame noir*, 6,34 ; de *cameline*, 4,93 ; de *chanvre*, 4,91 ; d'*arachides décortiquées*, 7,51. Ce dernier, quoique très riche, est un peu délaissé à cause de son effet tardif.

Feuilles d'arbres. — On peut les employer comme litière ; ou bien on en fait, en les mélangeant à la terre ou à la chaux, des composts qu'on laisse bien décomposer.

Les **composts** sont des mélanges de matières organiques et de matières minérales associées de telle sorte que les défauts des unes soient corrigés par les qualités des autres. Par exemple, si l'on emploie de mauvaises herbes ou le produit du curage des fossés, on y joindra la chaux qui fera disparaître les acides et brûlera les mauvaises graines.

Une foule de matières peuvent être employées dans les composts : la vase provenant du curage des fossés, les balayures de rues, les débris de démolition, la chaux, tous les débris animaux tels que cadavres d'animaux, grosses plumes, poils, râpures de corne, chiffons de laine, os brûlés et écrasés, noir animal ; on peut encore y joindre le fumier, le marc de pommes, les mauvaises herbes, la tourbe, les sciures de bois, le vieux tan, les cendres de houille, la charrée, etc. Toutes ces matières, auxquelles on mêle un peu de terre substantielle, seront arrosées avec les eaux grasses, les eaux de savon, les urines, le purin. Il faut de temps en temps remuer les composts pour en bien mélanger toutes les parties ; ceux qui contiennent du fumier et de la chaux doivent être éloignés des habitations parce que les brins de paille peuvent s'enflammer.

La **tourbe** est le produit de la décomposition des plantes aquatiques que l'on trouve dans les anciens marais desséchés. Elle est employée comme combustible, mais lorsque son prix est peu élevé elle peut servir d'engrais. On conseille de la laisser sécher, puis de l'arroser pendant six semaines avec du purin ; on la mélange alors avec le cinquième de son volume de chaux pour en faire disparaître l'acidité. La tourbe convient aux terres légères. Les cendres de tourbe produisent de bons effets sur les trèfles.

HORTICULTURE

LE JARDIN POTAGER — DIVISION DU JARDIN POTAGER ASSOLEMENT DU JARDIN

On appelle jardin potager celui qui sert à la culture des légumes. Nous avons vu dans les plans n° 1 et n° 2, page 69, quelle partie du jardin on doit consacrer à cette culture.

Le potager est ordinairement divisé en quatre carrés par des sentiers de 70 centimètres à 1 mètre de largeur ; tout le long des murs règne une côtière de 1m,50 de largeur, c'est-à-dire une bande de terre disposée en talus ; on y fait des semis et l'on y cultive quelques légumes hâtifs. La laitue morine et la laitue de passion réussiront très bien dans la côtière contiguë à la muraille exposée au midi.

Le potager, comme les champs de la grande culture, doit être soumis à un **assolement**. Les pois et les haricots, par exemple, semés sur un terrain fumé récemment, produiraient de hautes tiges mais peu de graines, alors que les choux, les poireaux, etc., exigent ces conditions de culture. Un assolement de trois ans est suffisant.

Dans l'un des carrés, on cultivera les asperges qu'on peut laisser quinze ans dans le même terrain, et les artichauts que l'on changera de place tous les quatre ou cinq ans. Il nous reste donc trois carrés.

Supposons la rotation établie depuis quelque temps. *Le carré n° 1* sera fortement fumé et l'on y cultivera toutes les plantes demandant beaucoup d'engrais : les choux, les poireaux, les oignons, le céleri, le cerfeuil, les épinards, etc.

Pendant cette même année, *le carré n° 2* ne reçoit pas d'engrais (c'est lui qui a reçu toute la fumure l'année précédente); on y cultivera les plantes qui ne veulent pas de fumure fraîche, les racines : carottes, navets, betteraves ; les laitues, les endives, les scaroles, les fraisiers. Un peu de terreau ou de compost très décomposé suffira pour obtenir une bonne récolte.

Le carré n° 3 n'a pas été fumé depuis deux ans; on y répandra des cendres de bois, d'œillette, etc., que l'on aura conservées à cet effet, et l'on y sèmera principalement les pois et les haricots. C'est ce carré n° 3 qui recevra la forte fumure l'année suivante, puis ce sera le carré n° 2, et ainsi de suite.

Il est souvent facile d'obtenir plusieurs récoltes sur le même terrain. Après les oignons, les semis de poireaux, les laitues, les pois, les fèves, on sèmera des mâches, des navets, des oignons blancs et on repiquera des scaroles et des endives. Les poireaux, les choux de Milan et de Bruxelles se transplantant en plein été, on peut récolter, dans le terrain qui doit les recevoir, des épinards semés au printemps.

Les **contre-plantations** sont souvent employées pour obtenir le même résultat; c'est ainsi qu'on repiquera des laitues entre les artichauts nouvellement plantés, et des endives entre les laitues à demi développées; il ne faut pas craindre de demander beaucoup au sol lorsqu'on l'a bien fumé.

ENGRAIS — LABOURAGE — SEMIS — ARROSAGE
TRANSPLANTATION

Le meilleur **engrais** pour les jardins est le fumier; on obtient, en l'employant, des légumes d'excellente qualité.

Avec le purin on fera d'abondantes récoltes d'épinards, d'arroches, de pourpier, de cerfeuil, de bette, de betteraves, etc., et en général de toutes les plantes que l'on cultive pour leurs feuilles ou leurs racines. Les vidanges serviront à fumer le terrain destiné à la culture des plantes à odeur forte : des poireaux, des oignons, des choux, etc. ; avec les feuilles mortes et le vieux fumier des couches on fera le terreau si utile, dans la culture potagère, pour recouvrir les semis et les planches de légumes qui doivent être fréquemment arrosés. Enfin, il sera toujours facile de préparer, dans un coin du jardin, un excellent compost avec toutes sortes de débris.

Les propriétaires de jardin qui n'ont pas de bestiaux peuvent éprouver des difficultés pour trouver tout l'engrais nécessaire à leur jardin. Nous leur recommandons l'emploi des tourteaux, des nitrates de potasse et de soude, des cendres de bois, du superphosphate de chaux ; mais chaque fois qu'il leur sera possible de se procurer du fumier ils ne manqueront pas de le faire.

Les **labours** dans le jardin se donnent à la bêche, en laissant de grosses mottes avant l'hiver, pour favoriser l'action de la gelée et de l'air, et en pulvérisant la terre au printemps pour la préparer aux semis. On doit profiter du bêchage pour niveler le sol et le purger des racines de plantes vivaces et des pierres qu'il contient.

Semis. — Pour recevoir la semence, le terrain doit être frais sans être trop humide ; quelques façons au râteau achèvent de le préparer. Les semis se font le plus souvent en lignes ; il y a économie de semence, la levée est plus régulière et plus sûre, et les soins d'entretien sont beaucoup plus faciles à donner. Les graines sont enterrées à une profondeur égale à cinq ou huit fois leur diamètre, c'est dire qu'elles sont enterrées peu profondément ; celles qui germent difficilement sont recouvertes de terreau, et s'il fait sec on tasse légèrement la terre.

Arrosages. — Les feuilles des plantes sont le siège d'une évaporation d'eau considérable, surtout lorsqu'elles sont exposées à une vive lumière. (*Expérience : dans un tube en verre fermé à une extrémité, on introduit, par exemple, une feuille de poirier encore fixée à l'arbre, et on bouche le tube en emprisonnant le pétiole de la feuille entre les deux parties d'un bouchon fendu en deux, dans le sens de la longueur ; au bout d'une heure d'exposition au soleil le tube contient une notable quantité d'eau.*) Les pertes d'eau subies par les plantes du jardin doivent être compensées par les arrosages. L'eau est donc indispensable dans un jardin ; dans les années sèches on n'obtient de beaux légumes qu'en les arrosant souvent. En I (plan n° 1 et plan n° 2) se trouvera une pompe déversant son eau dans un tonneau enterré. Cette eau ne servira aux arrosements qu'après avoir pris la température ambiante. L'eau de pluie est excellente pour l'arrosage, on la recueillera autant que possible.

On répand l'eau dans le jardin au moyen d'arrosoirs ; la plupart de ces instruments sont munis de pommes percées de trous qui laissent tomber l'eau sous forme de pluie ; on estime aussi l'*arrosoir à ouverture brise-jet* présentant l'avantage de ne jamais se boucher, et de former une nappe d'eau très mince tombant légèrement sur le sol.

On arrose le matin et le soir surtout quand il fait chaud ; les plantes arrosées en plein soleil grilleraient. Lorsqu'on a commencé à arroser un semis, il faut continuer de l'arroser tous les jours et quelquefois plusieurs fois par jour ; si on laisse sécher complètement le terrain, le petit germe, qui doit devenir la plante, meurt ; on a beau arroser ensuite, la graine ne germe pas deux fois. Quand on doit semer par un temps sec et que l'on peut se procurer de l'eau facilement, il est préférable de tremper complètement le terrain et de laisser ressuyer la surface pendant un ou deux jours. On prépare alors la terre que l'on tasse légèrement après avoir semé, et les plantes lèvent plus régulièrement et plus sûrement que sous l'influence de petits arrosages répétés.

Quelle que soit la qualité des arrosoirs, la terre souvent

arrosée se tasse plus ou moins, c'est pourquoi on couvre de terreau les planches où croissent des légumes qui demandent beaucoup d'eau : carottes hâtives, céleri, fraisiers, etc. Le terreau par sa nature ne se tasse pas et il amortit le choc de l'eau.

Transplantation. — La transplantation des végétaux a pour objet de les fortifier en leur donnant plus d'espace et par conséquent plus de lumière. Dans cette opération, qui porte encore le nom de **repiquage**, les racines sont brisées et ne tardent pas à se ramifier, de sorte qu'elles deviennent courtes et touffues, aussi la reprise des végétaux repiqués est presque certaine quand on les plante à demeure.

On transplante le céleri, les choux, les fraisiers, les laitues. Le poireau se repique immédiatement à demeure ; il en est de même des oignons retranchés du plant lorsqu'on l'éclaircit. Le poireau se repique profondément en terre ; au contraire, on enterre très peu les oignons. Un arrosage favorise la reprise des plantes repiquées.

FÉVRIER

AGRICULTURE. — *Engrais minéraux* : Chaux. — Plâtre. — Cendres. — Charrées. — Suie. — Sels ammoniacaux. — Azotates. — Phosphates naturels et superphosphates. — Sels de potasse. — Choix des engrais complémentaires. — Moyens d'apprécier les engrais chimiques. — Stations agronomiques. — Matières fertilisantes perdues.

HORTICULTURE. — Principes généraux de la taille appliqués aux espèces du pays : poirier, pommier, prunier, cerisier, pêcher, abricotier, vigne, groseillier, framboisier. — Notions sommaires sur la culture potagère forcée : couches, châssis, cloches.

AGRICULTURE

ENGRAIS MINÉRAUX

Chaux. — Comme leur nom l'indique, les engrais minéraux sont tirés du règne minéral. La chaux est obtenue par la calcination du calcaire dans les chaufours. Nous avons déjà vu, dans l'étude des terrains, comment la chaux en se combinant avec les acides les fait disparaître dans le sol arable. Le résultat de cette combinaison est un *sel* qui sert de nourriture aux plantes. La chaux rend donc des services dans les terrains tourbeux et dans les terrains nouvellement défrichés ; appliquée aux terrains argileux, elle est un excellent amendement, mais on n'oubliera pas qu'elle favorise la décomposition du fumier qui se trouve dans le sol, et que son emploi ne doit pas empêcher de répandre des engrais, autrement on donnerait raison au proverbe suivant : « La chaux enrichit le père et appauvrit les enfants. » On l'emploie dans la proportion de 30 hectolitres par hectare principalement pour la culture du blé et des légumineuses.

Le **plâtre** est une poudre blanche, encore appelée en chimie sulfate de chaux. On l'obtient en chauffant le **gypse** ou *pierre à plâtre* que l'on trouve dans les environs de Paris et dans les Bouches-du-Rhône. Le plâtre employé en agriculture n'est pas cuit ordinairement, mais il est pulvérisé ; on le répand au printemps par la rosée ou par un temps brumeux et calme dans la proportion de 2 ou 3 hectolitres par hectare sur les jeunes légumineuses : trèfle, luzerne, sainfoin, quelquefois aussi sur les crucifères. Franklin mit en évidence les effets du plâtre de la manière suivante. Dans un champ de trèfle des environs de Washington, il répandit du plâtre de manière à former cette phrase : « Ceci a été plâtré. » Le trèfle prit en cet endroit un tel développement que bientôt la phrase devint très lisible. On fait remarquer que les pois, les haricots, les fèves qui ont été plâtrés cuisent difficilement. Les effets du plâtre sont nuls si l'année est pluvieuse.

Cendres et charrées. — Les cendres contiennent les sels minéraux puisés par les plantes dans la terre ; elles forment donc un bon engrais, variable selon leur provenance ; elles renferment surtout du carbonate de potasse, du carbonate de soude et du phosphate de chaux et de magnésie ; elles conviennent aux terres légères ordinairement peu riches en potasse et en soude. Les cendres vives coûtent souvent trop cher pour être employées en agriculture ; on les remplace par les charrées qui ne sont autre chose que le résidu des mêmes cendres sur lesquelles on a fait passer de l'eau pour extraire les sels solubles de potasse et de soude. Les charrées sont riches en sels de chaux, elles conviennent donc aux terres argileuses ; on les associe au fumier et on répand par hectare 25 hectolitres de cendres vives ou 50 hectolitres de charrées.

La **suie** est un produit de la combustion de la houille ou du bois ; on la retire des cheminées ; elle est plus efficace que les cendres de bois ; on la répand au printemps, par un temps calme et pluvieux, dans la proportion de 20 à 40 hectolitres par hectare sur les prairies naturelles et artificielles et sur les céréales d'automne. Elle convient mieux aux terres légères qu'aux terres argileuses.

Sels ammoniacaux. — L'ammoniaque que ces sels renferment contient une grande proportion d'azote pouvant servir de nourriture aux plantes. (*L'instituteur possédera un petit flacon d'ammoniaque ou alcali volatil dont il fera sentir le bouchon à une assez grande distance.*) Parmi ces sels nous citerons le **sulfate d'ammoniaque** qui contient un peu plus de 21 p. 100 d'azote.

L'azote des sels ammoniacaux du commerce coûte un peu plus cher que l'azote des azotates dont nous allons parler et produit moins d'effet. Mais nous savons que les urines contiennent des matières azotées qui se transforment, par la putréfaction, en carbonate d'ammoniaque, et qu'il est très important de les recueillir et de les utiliser.

Azotates. — On emploie en agriculture l'azotate de potasse et l'azotate de soude encore appelés nitrate de potasse et nitrate de soude. Ces sels sont composés d'acide azotique ou nitrique combiné à la potasse ou à la soude ; ils fournissent principalement aux plantes de l'azote contenu dans l'acide azotique.

L'azotate de potasse ou *salpêtre* contient, outre l'azote, une assez grande quantité de potasse ; on l'emploie surtout à la fabrication de la poudre ; son prix élevé l'empêche de servir aux besoins de l'agriculture.

L'azotate de soude nous vient du Pérou où l'on en trouve des gisements ; il renferme environ 15,70 p. 100 d'azote : pour servir de nourriture aux plantes, il doit se combiner avec les produits de la décomposition des matières organiques, aussi conseille-t-on de ne le répandre que sur un sol contenant encore une certaine quantité de fumier. L'employer seul, c'est faire une dépense inutile et nuire à la qualité du sol qui, au labour, se forme en petites mottes difficiles à pulvériser.

Le nitrate de soude est un engrais énergique ; répandu au printemps, comme engrais complémentaire sur une céréale qui languit, il ne tarde pas à lui donner plus de vigueur. On l'emploie aussi pour la culture des plantes qui poussent en vert : seigle et orge cultivés comme fourrage vert, maïs, etc.

Les vieux murs sont toujours plus ou moins salpêtrés ; les débris de démolition seront donc conduits dans les champs parce qu'ils contiennent des azotates.

Phosphates naturels et superphosphates. — On trouve dans la terre des **phosphates de chaux fossiles** ; ils forment des gisements considérables dans un grand nombre de départements et en particulier dans les Ardennes, dans le Lot, aux environs de Boulogne et de Doullens, près de Lille où l'on cite les carrières d'Annappes et de Lezennes ; enfin dans le Cambrésis les gisements récemment découverts de Quiévy et de Briastre. Ces phosphates se présentent tantôt sous forme de nodules arrondis, tantôt sous forme de pierres. On les réduit en poudre plus ou moins riche en phosphate de chaux insoluble dans l'eau pure, mais pouvant se dissoudre lentement dans les eaux souterraines chargées d'acide carbonique et de sels. Ces phosphates conviennent aux terrains acides dont ils font disparaître l'acidité en devenant eux-mêmes plus solubles.

En versant de l'acide sulfurique sur la poudre de phosphate de chaux, cet acide s'empare d'un peu de chaux pour former du sulfate de chaux ou plâtre, et il reste un phosphate moins riche en chaux, par conséquent plus riche en acide phosphorique, qu'on appelle pour cette raison **superphosphate de chaux** ou *phosphate acide de chaux* ; il est soluble dans l'eau et s'emploie pour la culture des plantes à longues racines.

Quand on traite de la même façon les os par une dissolution d'acide chlorhydrique, on obtient un *phosphate précipité* qui abandonne moins facilement son phosphate soluble, et qui est préférable pour la culture des plantes à racines superficielles.

Enfin beaucoup d'agronomes pensent qu'en saupoudrant les litières des bestiaux avec du phosphate de chaux, il deviendrait plus soluble sous l'influence de l'acide carbonique qui s'échappe des fumiers.

Le phosphate de chaux, comme les os, s'emploie principalement pour les céréales, les crucifères : colza, navets ; les pommes de terre, les betteraves, la luzerne et les prairies naturelles.

Les **sels de potasse** les plus employés en agriculture sont :

Le **chlorure de potassium** dont il existe des mines en Allemagne et que l'on trouve encore dans les marais salants ; il peut donner en se décomposant 50 p. 100 de potasse.

Le **sulfate de potasse** qui produit des effets plus rapides que le sel précédent ; sa richesse en potasse est très variable.

Ces engrais sont employés dans la proportion de 2 à 300 kilogrammes par hectare pour les sols siliceux et calcaires, jamais pour les sols argileux qui en contiennent naturellement ; ils sont principalement employés dans les prairies naturelles et artificielles et pour la culture du tabac. Du reste, avant d'employer ces engrais qui ne sont pas nécessaires à tous les terrains, il sera prudent d'en faire l'essai sur une petite surface. Un champ communal de démonstration pourrait renseigner tous les cultivateurs de la localité.

Choix des engrais complémentaires.

C'est le fumier qui est la base de toutes les fumures. Le fumier en effet est l'engrais le plus complet et le moins cher ; non seulement il apporte les principes nécessaires aux plantes, mais il amende encore les terres, et tend à leur donner en se décomposant une couleur noire très utile à la végétation.

Les engrais chimiques tels que les nitrates, les phosphates, les sels de potasse, peuvent bien apporter les principes nécessaires à la nourriture des plantes, mais ils ne servent pas d'amendement, et leur emploi exclusif rend les terrains de plus en plus compacts ou de plus en plus siliceux, suivant leur nature, à mesure que les résidus de fumier disparaissent.

Les engrais chimiques seront donc employés pour compléter le fumier.

La fumure d'une terre étant insuffisante pour une récolte, quel engrais complémentaire devons-nous ajouter, et dans quelle proportion faudra-t-il le répandre ? Il suffit, pour résoudre cette double question, de comparer la composition chimique de la récolte que l'on désire faire à celle du fumier employé. On ajoutera au fumier les principes qui lui font défaut pour produire la récolte. Prenons un exemple. Nous voulons récolter 28 hectolitres de blé sur un hectare de terre dans lequel la récolte précédente a laissé 10,000 kilogrammes de fumier.

Les tableaux page 119 nous indiquent que les 28 hectolitres de blé pèsent 2,100 kilogrammes et correspondent à 4,725 kilogrammes de paille.

	AZOTE.	ACIDE phosphorique.	POTASSE	CHAUX.
	kil.	kil.	kil.	kil.
Le grain contient....	$20,8 \times 2,1$ ou 43,68	$7,9 \times 2,1$ ou 16,59	$5,3 \times 2,1$ ou 11,13	$0,6 \times 2,1$ ou 1,26
La paille qui accompagne le grain contient	$3,2 \times 4,7$ ou 15,04	$2,2 \times 4,7$ ou 10,34	$6,3 \times 4,7$ ou 29,61	$2,7 \times 4,7$ ou 12,69
La récolte entière demande............	58,72	26,93	40,74	13,95
Les 10,000 kilogr. de fumier contiennent.	4×10 ou 40	2×10 ou 20	4×10 ou 40	4×10 ou 40
Il reste donc à ajouter.	18kil	6kil		

Le nitrate de soude employé comme engrais complémentaire nous donnerait l'azote, mais il ne nous procurerait pas l'acide phosphorique ; les phosphates fossiles ne nous donneraient pas l'azote, mais 300 kilogrammes de tourteaux contiennent : azote, $5^k \times 3 = 15$ kilogrammes ; acide phosphorique $2,5 \times 3 = 7^k,5$. Cet engrais est donc suffisant pour compléter la fumure.

Il ne faut pas évidemment donner plus d'importance qu'il n'en faut à ces calculs, et faire trop exactement les restitutions ; nous voulons simplement dire que cette manière d'opérer donnerait des indications précieuses sur le choix des engrais complémentaires à fournir à chaque plante, et sur la quantité approximative à employer. Elle éviterait des dépenses inutiles aux cultivateurs qui pensent qu'il est toujours bon d'appliquer au sol n'importe quel engrais.

Moyens d'apprécier les engrais chimiques.

Le moyen le plus expéditif pour apprécier un engrais chimique est de faire l'**analyse**, qui renseigne immédiatement sur la nature et la quantité des principes contenus dans l'engrais, et fait connaître quelquefois à quel degré ces principes sont assimilables. On n'achète plus aujourd'hui d'engrais chimiques sans en avoir l'analyse ; beaucoup de cultivateurs ont eu la bonne pensée de se former en syndicat pour acheter en gros les engrais, semences, etc., et dans ces conditions les garanties d'analyse ne leur manquent pas.

Mais l'analyse chimique seule est insuffisante pour permettre au cultivateur d'user largement d'un engrais qu'il n'employait pas jusque-là ; les principes que cet engrais contient peuvent n'être pas immédiatement assimilables, ou bien encore se trouver déjà dans le sol à cultiver ; son essai dans les terres de la localité serait le moyen le plus sûr de l'apprécier.

Le cultivateur ne se servira donc jamais de nouveaux engrais sur une simple recommandation ; il a déjà à compter avec trop d'imprévu : la grêle, la sécheresse, les pluies trop prolongées, etc. ; il ne doit pas s'en créer de nouveaux par sa propre volonté ; du reste les conseillers ne sont pas les payeurs. Ceci ne veut pas dire qu'il faille refuser systématiquement toutes les substances qu'on ne connaît pas ; loin de là, lorsque l'analyse indique une bonne proportion d'éléments utiles : azote, acide phosphorique, etc., et que ces éléments ne sont pas vendus trop cher, le cultivateur peut en faire l'**essai** sur de petites surfaces ; le champ de démonstration de la commune, tenu par l'instituteur aidé d'un cultivateur, est tout désigné pour cet usage.

Les stations agronomiques.

Les stations agronomiques sont des établissements créés par l'État pour l'étude des applications des sciences physiques et naturelles à l'agriculture ; elles servent d'intermédiaires entre la science et la pratique. On y étudie, au moyen d'expériences de culture et d'essais dans le laboratoire, tout ce qui peut intéresser la production végétale et animale de la région. Les stations agronomiques peuvent donc aider considérablement à l'accroissement de la richesse d'un pays.

On fait aussi dans le laboratoire de ces établissements, pour le public, et spécialement pour les cultivateurs qui bénéficient souvent d'un tarif à prix réduit, des analyses de terres, d'engrais, de fourrages, etc. Les stations agronomiques contrôlent aussi le commerce des engrais, des semences, etc., et signalent les fraudes dont les cultivateurs pourraient être victimes.

Matières fertilisantes perdues.

Les agronomes évaluent les matières fertilisantes solides et liquides produites par l'homme et par les animaux domestiques et qu'on laisse perdre en France, chaque année, à une somme de plus d'un milliard de francs. Nous constatons avec plaisir que le Nord est un

COMPOSITION CHIMIQUE DES ENGRAIS

PRINCIPES CONTENUS DANS 100 PARTIES

	AZOTE.	ACIDE PHOSPHO-RIQUE.	POTASSE	CHAUX.
Fumiers	0,4	0,2	0,4	0,4
Engrais animaux.				
Purin de vache................	0,5	»	1,5	»
Engrais solides humains.......	0,9	0,3	0,2	»
Colombine.....................	5 à 8	»	»	»
Poulette......................	2 à 3	»	»	»
Guano.........................	10,0	10,0	2,0	»
Excréments de mouton (solides..	0,5	0,3	0,1	»
Excréments de mouton (liquides.	1,8	0,01	2,2	»
Os............................	5,0	21,0	»	30,0
Noir animal	1,5	30,0	»	45,0
Chair.........................	13,0	0,4	»	»
Sang desséché.................	15,0	1,6	»	»
Déchets de laine..............	15,0	»	»	»
Engrais végétaux.				
Engrais verts (colza vert)......	0,5	0,1	0,4	0,3
Fucus desséché à l'air..........	1,0	»	»	»
Tourteaux.....................	5,0	2,5	1,0	»
Feuilles de peuplier...........	0,5	»	»	»
Engrais minéraux.				
Cendres de sapin..............	»	4,81	16,0	71,12
Charrées	»	7,0	»	»
Suie..........................	1,3	10,0	»	»
Sulfate d'ammoniaque.........	20,0	»	»	»
Azotate de soude..............	14 à 15	»	»	»
Azotate de potasse............	13,0	»	44,0	»
Phosphates naturels...........	»	15 à 40	»	»
Acide phosphorique soluble dans les superphosphates.........	»	12 à 16	»	»
Chlorure de potassium.........	»	»	50,0	»
Sulfate de potasse............	»	»	43 à 50	»

des départements français où les engrais sont recueillis avec le plus de soin.

Quoi qu'il en soit, il y a encore des cultivateurs qui n'empêchent pas les eaux étrangères d'arriver dans le fumier, et laissent perdre le *purin*, qui coule dans la rue, au grand détriment de l'hygiène et de l'agriculture. Ils ont pourtant entendu dire que ce lavage enlève au fumier une grande partie de sa valeur, mais ils ne sont pas convaincus. Le volume du fumier ne change pas, cela les rassure. Ils ne se font en effet aucune idée de la composition chimique de ce fumier, des matières azotées qu'il contient et de leur transformation en carbonate d'ammoniaque soluble dans l'eau. Ces connaissances, qui paraissent inutiles au premier abord pour faire du fumier, sont nécessaires pour former des cultivateurs intelligents et convaincus. On ne fait pas bien ce que l'on ne comprend pas.

Beaucoup de personnes laissent encore perdre les *vidanges* qu'il est pourtant si facile de recueillir dans une citerne, ou à défaut dans un tonneau défoncé. Il est à remarquer que ce sont les petits ménages, qui en ont le plus grand besoin pour fumer leur petit jardin, qui négligent ordinairement de le recueillir.

Les *marcs de pommes* seront utilisés après avoir été mélangés avec le quart de leur poids de chaux pour faire disparaître l'acide qu'ils renferment; le *marc de café* est quatre fois plus riche que le fumier, sur lequel il sera bon de le jeter.

On n'utilise pas assez comme litière les feuilles d'arbres, les roseaux, la sciure de bois, etc. (Voir les *Composts*, p. 131).

HORTICULTURE

PRINCIPES GÉNÉRAUX DE LA TAILLE
APPLIQUÉS AUX ESPÈCES DU PAYS : POIRIER, POMMIER, PRUNIER, CERISIER, PÊCHER, ABRICOTIER, VIGNE, GROSEILLIER, FRAMBOISIER

La taille des arbres fruitiers a pour objet de leur donner des formes particulières et de leur faire produire plus régulièrement de beaux fruits. Elle consiste dans la suppression de certains rameaux ou de parties de rameaux.

La plupart des opérations de la taille s'effectuent pendant le repos de la végétation, ordinairement après les fortes gelées, vers la fin de février et au commencement de mars; mais quelques soins doivent être donnés aux arbres fruitiers pendant la belle saison.

Les **arbres à haute tige** sont élagués en février; on coupe avec une serpe bien tranchante les branches trop rapprochées qui empêcheraient la lumière de pénétrer dans l'arbre, en ayant soin de lui donner une des formes dont nous avons parlé en décembre; on supprime également les branches gourmandes qui se reconnaissent à leur grande vigueur et à leur direction verticale. Il est prudent de recouvrir les plaies, surtout sur les arbres à fruits à noyaux, soit avec du goudron végétal, soit avec un mastic appliqué tiède et composé de : poix noire, 28; poix de Bourgogne, 28; cire jaune, 16; suif, 14; cendre tamisée ou ocre, 14, pour 100 parties en poids.

La taille appliquée aux **arbres à basse tige** est plus minutieuse, elle porte sur les branches de charpente et sur les branches fruitières.

Les longues branches qui donnent la forme à l'arbre sont les branches de charpente; elles donnent naissance aux petites branches fruitières.

Nous étudierons successivement la formation de la

charpente des arbres et le traitement des branches fruitières. Quelques notions sur les différentes productions des arbres fruitiers et sur leur mode de végétation nous sont indispensables pour cette étude.

Différentes productions des arbres fruitiers. — Lorsqu'on examine un poirier en février, on voit que les branches qui se sont développées l'année précédente portent des yeux ou bourgeons pointus, insérés très obliquement, ce sont des **yeux à bois** (fig. 79); pendant le courant de l'année, ils donnent naissance à des branches s'ils reçoivent beaucoup de sève et à des dards s'ils reçoivent peu de nourriture.

Le **dard** (fig. 78) est un bourgeon allongé, pointu et inséré plus perpendiculairement sur le rameau que l'œil à bois. Pendant le courant de l'année le dard produit un bouton à fruit s'il reçoit peu de sève, et une branche s'il en reçoit beaucoup. Le **bouton à fruit** (fig. 81) se reconnaît bien à sa forme globuleuse; il donne des fleurs et des fruits quelle que soit du reste la quantité de sève qu'il reçoit. Sur les arbres faibles on trouve quelquefois des branches d'un an, bien éclairées, portant des boutons à fruit; il faut voir dans ce fait une exception à la règle générale que nous venons de donner.

Fig. 78. — Dard du poirier né vers le tiers inférieur des prolongements.

Les pommiers portent les mêmes bourgeons que le poirier. Sur les arbres à fruits à noyaux : pêcher, abricotier, pommier, cerisier, les yeux à bois qui se développent au printemps se transforment la même année en boutons à fruit si les conditions sont favorables. Ces espèces présentent quelquefois des yeux doubles et même des yeux triples.

Principes généraux de la taille.

Il importe que toutes les branches de charpente d'un arbre soient garnies de branches fruitières dans toute leur étendue. Or la sève se porte toujours de préférence à la partie supérieure des branches, surtout si elles ont la position verticale, de sorte que, si on ne les taillait pas, quelques ramifications naîtraient à leur partie supérieure, mais les yeux à bois de la base ne se développeraient pas; il y aurait donc, dans la charpente de l'arbre, des espaces dépourvus de branches fruitières, désagréables à l'œil et ne portant jamais de fruit.

Pour transformer en branches fruitières tous les yeux

Fig. 79. — Rameau de prolongement d'une branche de la charpente du poirier.

que porte un *rameau de prolongement* (fig. 79), on appelle ainsi le rameau qui se développe en un an à l'extrémité d'une branche de charpente, il faut en retrancher une certaine quantité; la sève se trouve ainsi répartie entre un plus petit nombre d'yeux qui tous donnent naissance à des branches fruitières (fig. 80).

Les rameaux de prolongement des branches de charpente (fig. 79) doivent être taillés plus ou moins longs suivant leur inclinaison. On retranche à peu près les deux tiers d'un prolongement vertical, la moitié d'un prolongement formant avec l'horizon un angle de 45 degrés, et on taille très peu le prolongement horizontal. La sève a une tendance moins grande à se porter à la partie supérieure de ce dernier rameau, et elle se distribue plus régulièrement entre tous les yeux. Pour que le rameau prolonge bien la branche de charpente, on taille sur un œil situé en avant de la branche si elle est verticale, et sur un œil situé en dessous de la branche si elle est oblique ou horizontale.

On dit que la taille est **longue** lorsqu'on retranche peu

de bois et qu'elle est **courte** lorsqu'on en retranche beaucoup.

On taille court un arbre faible. — On reconnaît qu'un

Fig. 80. — Rameau de prolongement d'une branche de poirier au moment du bourgeonnement.

arbre est faible lorsqu'il développe beaucoup de boutons à fruit et peu de branches. La taille courte a pour effet de répartir la sève entre un plus petit nombre d'yeux qui peuvent, dans ces conditions, produire des branches.

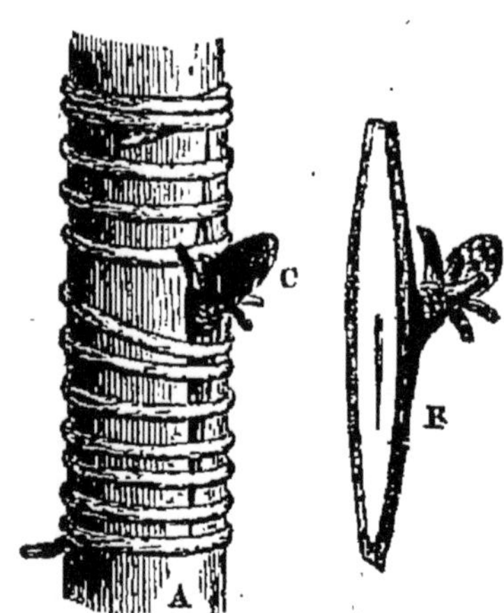

Fig. 81. — Greffe de bouton à fruit.

On taille long les arbres vigoureux qui se mettent difficilement à fruit. La sève étant distribuée entre beaucoup d'yeux, il y a des chances pour que quelques-uns se transforment en dards puis en boutons à fruit. Il existe d'autres moyens pour **affaiblir un arbre** : effectuer la taille d'hiver très tardivement, lorsque déjà les bourgeons se sont développés ; on retranche ainsi à l'arbre une certaine quantité de sève. — Pratiquer en février, avec une scie à main, une entaille annulaire vers la base de la tige, en pénétrant jusque dans l'aubier. L'ascension de la sève est entravée, ce qui n'empêche point l'entaille de se cicatriser quelque temps après. — Greffer des productions fruitières sur les branches de l'arbre (fig. 81). Pour **fortifier un arbre** on lui appliquera des engrais comme il a été dit en décembre, et pendant l'été on couvrira la terre d'un paillis dans un rayon de 0^m,50 à 0^m,80 autour de la tige.

On doit équilibrer toutes les branches d'un arbre ; si on en trouve une plus forte que les autres on la taille court, et si on en rencontre une plus faible on la taille long : la branche faible portera ainsi un grand nombre de feuilles qui attireront la sève par l'évaporation qui se produit à leur surface.

On fortifie encore une branche en la déliant si elle est attachée, et en lui donnant une position qui se rapproche

Fig. 82. — Mode de coupe des ramifications pour les espèces à bois dur.

Fig. 83. — Rameau taillé trop long.

Fig. 84. — Rameau taillé trop court.

Fig. 85. — Mode de coupe des sarments de la vigne.

de la verticale si elle est horizontale. — En pratiquant dans l'écorce des fentes longitudinales de manière à détruire la résistance qu'elle pourrait opposer au développement de la branche. — En faisant dans la tige, et jusque dans l'aubier, une entaille en V renversé au-dessus de la naissance de la branche ; la sève, qui s'élève dans les différentes couches de l'aubier, est arrêtée par cette entaille et passe en grande quantité dans la branche faible. — En lui enlevant les fruits qu'elle porte.

Réciproquement, il existe, pour **affaiblir une branche,** différents procédés dont il sera maintenant facile de donner l'explication :

Arquer la branche, c'est-à-dire l'incliner en dirigeant son extrémité vers la terre. — Supprimer un petit nombre de feuilles sur cette branche. — Pratiquer sur la tige, jusque dans l'aubier, une entaille en V, au-dessous de la naissance de la branche. — Greffer des boutons à fruit sur cette branche.

On ne doit guère user des traits de scie et des entailles pour les arbres à fruits à noyaux, car ils sont sujets à la gomme.

La **coupe du bois** doit se faire avec une serpette bien tranchante et comme l'indique la figure 82, pour que le bourgeon se développe convenablement et que la cicatrice se fasse bien. On évitera les coupes indiquées par les figures 83 et 84 ; dans le premier cas le bois de l'onglet meurt et dans le second l'œil est éventé et donne naissance à un rameau peu vigoureux. Sur les espèces à moelle abondante, comme la vigne, la coupe doit être faite à une certaine distance de l'œil (fig. 85), car jamais la plaie ne se cicatrise sur la coupe même.

Formation de la charpente des arbres fruitiers.

1° Arbres non palissés. — **Colonne.** — On retranche chaque année une bonne moitié du rameau de prolongement ; l'œil supérieur de chaque rameau doit être situé du côté opposé à celui où il prend naissance, afin que la tige reste placée perpendiculairement sur le pied de l'arbre. On fait quelquefois une entaille au-dessus des yeux inférieurs de chaque prolongement pour en faciliter le développement ; il est bon aussi de faire tomber les deux ou trois yeux qui avoisinent le bourgeon de prolongement ; l'œil principal étant supprimé, les deux *yeux stipulaires* qui se trouvent de chaque côté se développent et donnent naissance à deux branches faibles (fig. 86), on en supprime une et on conserve l'autre que l'on met plus facilement à fruit. Toutes les branches qui poussent latéralement sur les colonnes sont des branches fruitières, nous verrons tout à l'heure comment on doit les traiter.

Le **fuseau** s'obtient de la même façon que la colonne ; on laisse à la partie inférieure quelques branches de charpente qui pourront atteindre une longueur de 40 à 50 centimètres ; elles seront distantes les unes des autres de 25 centimètres et inclinées de manière à former avec l'horizon un angle de 35 degrés environ.

Cône. — Le rameau de prolongement est taillé chaque année de manière qu'il produise 5 ou 6 branches (fig. 88). Ces branches doivent être taillées· d'autant plus court qu'elles sont plus élevées sur l'arbre, elles porteront ainsi moins de feuilles et attireront moins de sève. Les branches des cônes doivent former un angle de 35 degrés avec l'horizon. Entre deux branches situées l'une au-dessus de l'autre, il y aura un intervalle de 0^m,30.

Fig. 86. — Yeux stipulaires après la suppression du bourgeon principal A.

Le plus grand diamètre du cône doit être égal au tiers de la hauteur ; un cône de 2 mètres de largeur aura donc une hauteur de 6 mètres.

2° Arbres palissés. — La **Palmette Verrier** (fig. 66, p. 108) est une excellente forme ; le développement de la branche est équilibré parfaitement à cause de la disproportion qu'il y a entre celles de la partie inférieure et celles de la partie supérieure. Chaque année on obtient un étage en taillant l'axe de l'arbre à quelques centimètres au-dessous du point où l'on désire l'étage et sur un œil situé en avant (fig. 89). Comme la sève se porte toujours à la partie supérieure des arbres il s'y développe plusieurs bourgeons que l'on choisit comme l'indique la figure 87.

Ces branches, auxquelles on donne d'abord une position oblique afin de favoriser leur développement, sont amenées peu à peu à leur position définitive, ce qui arrive ordinairement à la fin de la troisième année. Les étages inférieurs doivent toujours être plus développés que les étages supérieurs; la distance qui les sépare est de 25 centimètres pour toutes nos espèces fruitières, excepté pour le pêcher où elle est de 50 centimètres, les branches fruitières étant plus longues dans cette espèce. Disons encore qu'on ne taille les arbres fruitiers qu'après leur reprise, c'est-à-dire un an après leur plantation. Le pêcher doit être

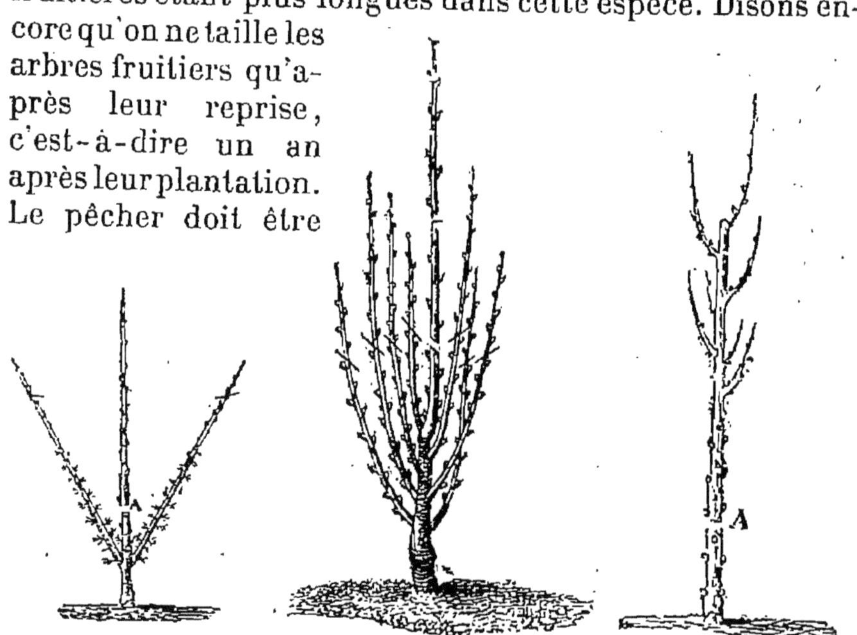

Fig. 87. — Poirier en palmette Verrier, 3e taille.

Fig. 88. — Deuxième taille du poirier en cône.

Fig. 89. — Poirier en palmette Verrier, 1re taille.

taillé l'année même où on le plante, parce que les yeux qu'il porte disparaîtraient l'année suivante.

Pour **palisser**, c'est-à-dire pour attacher les branches des espaliers contre les murs, le moyen le plus commode et le plus économique consiste à employer le fil de fer galvanisé n° 16 pour dessiner, sur la muraille, la forme à donner à l'arbre. Ce fil est fixé à un demi-centimètre de la muraille par des clous également en fer galvanisé. On palisse l'arbre contre ce fil au moyen d'osier.

La palmette Verrier convient très bien aux **contre-espaliers** qui seront, autant que possible, dirigés du nord au sud, afin que les deux faces soient également éclairées. Les contre-espaliers doivent être distants de 3^m,50 pour qu'ils ne se fassent pas d'ombrage réciproquement; ils sont donc plantés au milieu de plates-bandes de 2^m,70 de largeur, séparées par un sentier de 0^m,80. A 20 centimètres du bord de ces plates-bandes, on dispose des cordons horizontaux de pommiers greffés sur paradis (voir plan n° 1, page 69).

Voici une méthode peu coûteuse pour installer solidement des contre-espaliers. Chacun des deux montants A

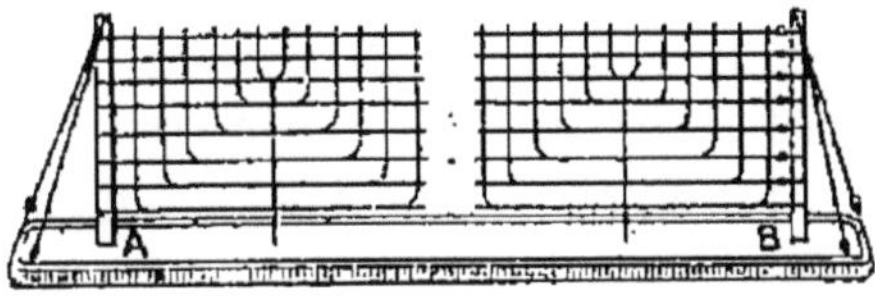

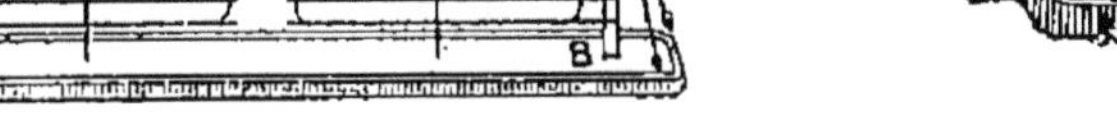

Fig. 90. — A, B, montants.
Fig. 91. — Raidisseur.

et B (fig. 90) est une barre plate de fer laminé dont les dimensions doivent varier avec la longueur du contre-espalier. Cette barre est scellée dans une pierre brute qui disparaît en terre et elle est tenue verticalement par deux fils de fer, n° 39, attachés à deux grosses pierres enterrées à 1 mètre de profondeur. Le fil de fer galvanisé n° 14 convient aux fils horizontaux que l'on tend à l'aide de raidisseurs (fig. 91). On dessine la forme des arbres au moyen d'osiers verts dépourvus de leur écorce qu'on attache à l'aide de fil de fer recuit et très fin.

Les **palmettes simples** s'obtiennent absolument comme la palmette Verrier. Pour former les **arbres en U**, on les taille la première année à 30 centimètres de terre; on choisit deux branches que l'on traite comme les poiriers en colonne.

Les **cordons horizontaux de pommiers** sont plantés à 2 mètres de distance et installés sur un fil de fer tendu à 0^m,30 de terre. Pour favoriser le développement du rameau de prolongement, on le relève et on le palisse sur une baguette plantée en terre (fig. 71, p. 110). Le pommier se taille un peu plus court que le poirier.

Formes qui conviennent à chaque espèce.

Le poirier se cultive à haute tige et à basse tige; les meilleures poires sont données par les poiriers à basse tige qui se prêtent facilement à toutes les formes dont nous avons parlé.

Le **pommier**, cultivé à *haute tige*, fournit de beaux rendements. On donne aux pommiers à *basse tige* les formes en pyramide, en palmette-candélabre, en cordon horizontal.

Le **prunier** et le **cerisier** réussissent bien mieux lorsqu'ils sont à *haute tige;* on peut cependant les cultiver à *basse tige* et leur donner les formes en palmette, en pyramide, et même en buisson.

Le **pêcher** demande l'espalier; les formes en palmette Verrier et en U lui conviennent très bien. La pêche d'Oignies peut être cultivée en plein vent dans une situation abritée.

L'**abricotier** réussit difficilement dans notre pays; lorsqu'il est cultivé en plein vent les fleurs sont souvent détruites par les gelées printanières, et en espalier il est difficile de lui donner une forme régulière.

Traitement de la branche fruitière du poirier, du pommier, du prunier, du cerisier, du pêcher et de l'abricotier.

Toutes les branches fruitières, en général, ne doivent être ni longues ni vigoureuses; on obtient ce double résultat par la *taille* appliquée en février et par des *pincements* effectués en été.

Le pincement consiste à retrancher avec les doigts l'extrémité herbacée d'un bourgeon. La taille est remplacée par le cassement pour les branches vigoureuses de poirier et de pommier. Les rameaux cassés souffrent davantage et se mettent plus facilement à fruit.

Poirier. — *Pendant l'été* toutes les branches fruitières qui se développent sont pincées à 12 centimètres (fig. 92). Le plus souvent cette opération provoque le développement d'un bourgeon qui est **anticipé**, parce que, normalement, il ne devait se développer que l'année suivante (fig. 93); il est pincé à 4 centimètres. *Au printemps* les branches fruitières faibles sont taillées sur 2 bourgeons; les branches de vigueur moyenne sont cassées sur 3 ou 4 bourgeons, et les branches vigoureuses sont cassées sur 7 ou 8 bourgeons et partiellement sur 4 ou 5 (fig. 95). Par bourgeons nous entendons ici des yeux à bois ou des dards.

Fig. 92. — Bourgeon du poirier pincé à 0ᵐ,12.

Sous l'influence de ce traitement, les yeux à bois de la base des branches fruitières ne tardent pas à se transformer en dards, puis en boutons à fruit. On taille alors sur un seul bouton à fruit; il contient assez de

Fig. 94. — Bourse de poirier après sa première fructification.

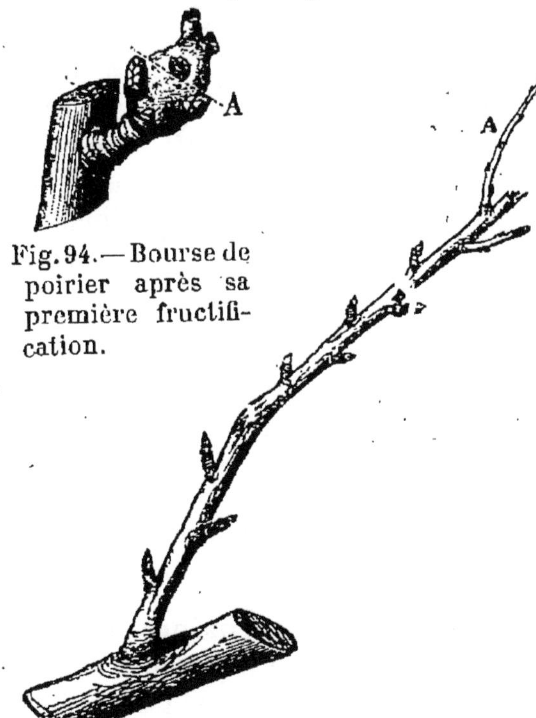

Fig. 93. — Bourgeon du poirier avec bourgeon anticipé.

Fig. 95. — Brindille vigoureuse de poirier soumise au double cassement.

fleurs pour donner à la branche fruitière autant de fruits

qu'elle peut en porter. On pèche souvent en laissant trop de boutons à fruit sur le poirier ; la floraison l'épuise et finalement tous les fruits tombent.

Lorsque le fruit est cueilli, il reste à la place du bouton à fruit un corps mou appelé **bourse** (fig. 94) qui produit de nouveaux dards et de nouveaux boutons à fruit. Chaque année, au printemps, on coupe en A l'extrémité de la bourse qui se gâte.

La branche fruitière du *pommier* est traitée comme la branche fruitière du poirier. On la taille cependant un peu plus court.

Prunier. — Cerisier. — Abricotier. — *Pendant l'été* toutes les branches fruitières sont pincées à 12 centimètres, et les bourgeons anticipés auxquels elles donnent naissance le sont à leur tour sur quelques feuilles. Sous l'influence de ce traitement les yeux à bois qu'elles portent se transforment en boutons à fruit.

Au printemps on taille sur quatre ou cinq boutons à fruit.

Il est à remarquer que dans les arbres à fruits à noyaux, les yeux disparaissent sur les branches qui ont fructifié, de sorte qu'un rameau qui porte du fruit cette année n'en portera plus l'année prochaine ; il faut donc pourvoir à son remplacement. Les pincements exécutés pendant l'été refoulent la sève à la base de la branche A qui porte des fruits et y font naître un rameau de remplacement B (fig. 96).

Fig. 96. — Rameau de remplacement.

Au printemps suivant on supprime le rameau A devenu inutile et le rameau B est taillé sur quatre ou cinq boutons à fruit.

Pêcher. — Les branches fruitières du pêcher se comportent comme celles que nous venons d'étudier ; elles sont pincées un peu plus long à 20 ou 25 centimètres et palissées pour modérer leur vigueur. *Au printemps* on taille la branche fruitière sur six ou huit boutons à fruit, puis on la palisse ; plus tard on y supprime les fruits trop nombreux pour n'en laisser que deux ou trois.

Vigne. — Les *principales formes* à donner à la vigne sont le cordon vertical et le cordon horizontal.

Le **cordon vertical** (fig. 97) se plante contre les murs qui n'ont pas plus de 3 mètres de hauteur : les vignes sont placées à 70 centimètres et préférablement à 1 mètre de distance. Chaque année le rameau de prolongement est taillé sur trois

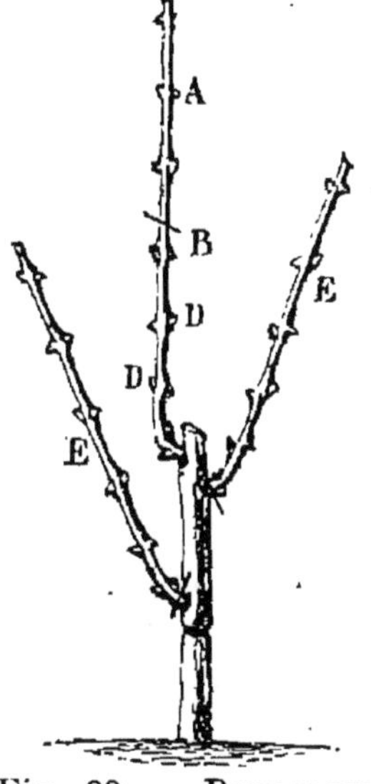

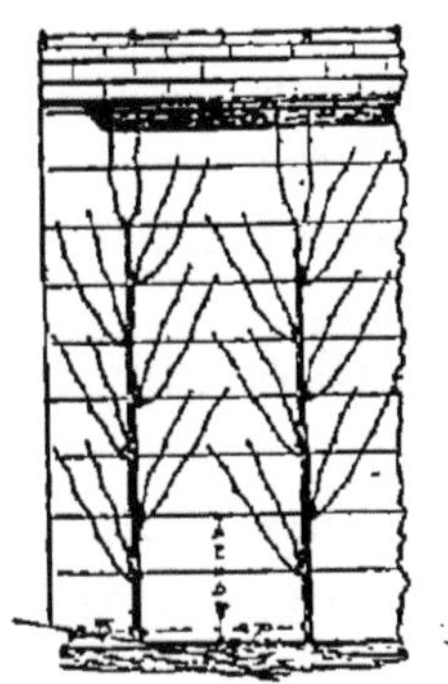

Fig. 97. — Treille soumise à la forme en cordon vertical.

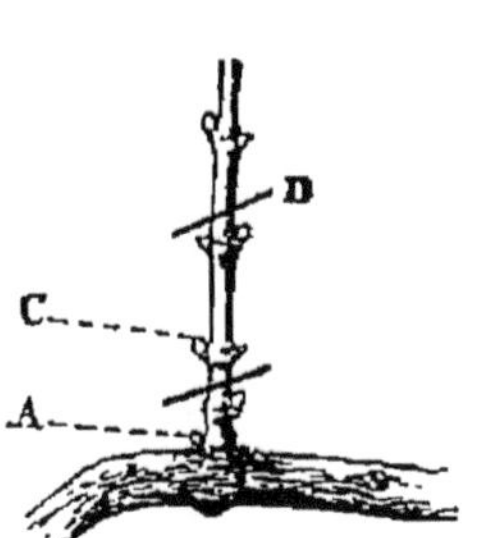

Fig. 98. — Branche fruitière.

Fig. 99. — Rameaux (yeux D D).

yeux de manière à ce que les yeux DD (fig. 99) donnent deux branches fruitières ou **coursons** qui alternent avec les coursons précédents et l'œil B produit le nouveau rameau de prolongement, qui est pincé pendant le courant de l'année à 1 mètre de hauteur.

Le **cordon horizontal** de vigne ne porte des coursons que sur sa partie supérieure ; les branches qui se développent en dessous sont supprimées. Le rameau de prolongement est taillé chaque année de manière à produire trois ou quatre coursons et une branche de prolongement que l'on pince à 1 mètre.

Traitement des branches fruitières. — Dans la vigne le raisin vient sur des rameaux de l'année même qui ont pris naissance sur des branches de l'année précédente.

Pendant l'été les branches fruitières sont pincées à 0^m,50, on supprime sur une feuille les rameaux anticipés.

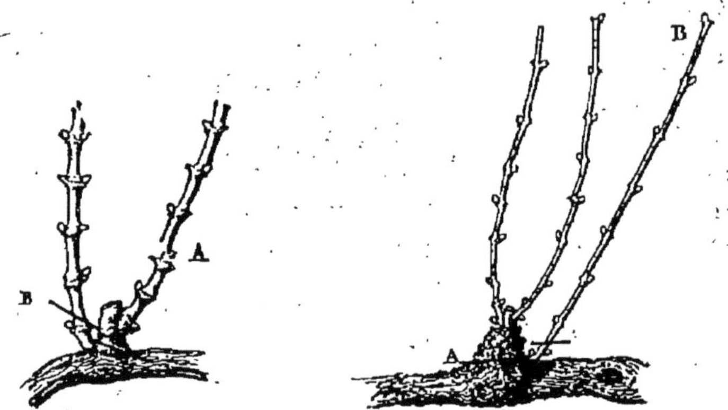

Fig. 100.   Fig. 101. — Rajeunissement des coursons.

Au printemps la branche fruitière est taillée sur deux yeux (fig. 98).

Pendant l'été suivant il se développe deux branches (fig. 100) qui portent le raisin. Quand arrive le printemps, la branche A (fig. 100) est coupée à sa base et le courson B qui est le plus rapproché de la branche de charpente est taillé sur deux yeux et ainsi de suite. Au bout de quelques années la branche fruitière s'allonge, on profite du développement d'un rameau B au pied du courson même, pour supprimer celui-ci en A (fig. 101) et recommencer les mêmes opérations sur la branche B.

On augmente le volume des grains d'un tiers et on avance la maturité de quinze jours en pratiquant le ciselement. On coupe avec des ciseaux l'extrémité des grappes trop longues et on enlève les grains avortés ou trop serrés. Un autre moyen de hâter la maturité du raisin consiste à supprimer quelques feuilles aux endroits où elles sont très rapprochées lorsque les grains deviennent transparents.

Le **groseillier** se multiplie facilement par boutures; la forme en **buisson** est celle qui lui convient le mieux. Pour l'obtenir on taille à 25 centimètres du sol et on conserve trois branches qui sont coupées l'année suivante sur deux yeux; on a ainsi six branches qui constituent le buisson. On peut donner aussi la forme en **cordons verticaux** que l'on plante à 0^m,20 de distance et qui atteignent une hauteur de 1^m,30. Chaque année on retranche la moitié du rameau de prolongement.

Traitement des branches fruitières. — Elles sont pincées l'année de leur développement à 10 centimètres et l'année suivante on les taille à 6 ou 7 centimètres.

Dans le **framboisier** les fruits viennent sur les brindilles de l'année qui se sont développées sur les tiges de l'année précédente. Vers la fin de février on retranche un tiers des tiges, puis on les incline et on les attache sur les tuteurs AA (fig. 102). Pendant que les branches A fructifient, des rejets B sortent de terre; on en conserve quatre bien placés et on supprime les autres. L'année suivante, au printemps, les tiges A sont coupées au pied et les tiges B sont taillées et attachées sur les tuteurs.

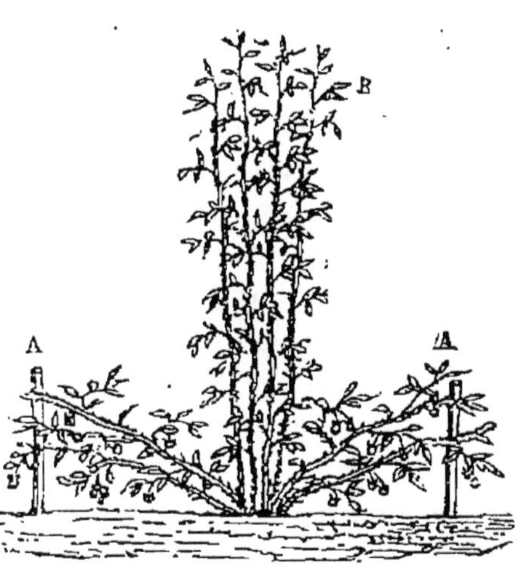

Fig. 102. — Framboisiers.

Notions sommaires sur la culture potagère forcée : couches, châssis, cloches.

On force la culture des légumes en les faisant venir hors de leur saison régulière ou en rendant leur développement très rapide. Dans le premier cas on fait ce qu'on appelle des **primeurs**, qui sont toujours vendues cher à cause de leur rareté.

C'est en élevant la température du milieu dans lequel on les cultive qu'on obtient ce résultat. Deux moyens bien distincts sont en usage. Ou bien on emmagasine pour ainsi dire la chaleur du soleil à l'aide de *cloches*, de *châssis* et de *serres*, ou bien on chauffe la terre, soit à l'aide de circulation d'eau chaude dans des tuyaux en cuivre, soit le plus souvent au moyen des couches. Pour faire une **couche** on creuse une fosse de 0^m,40 de profondeur ; on la remplit de fumier de cheval frais que l'on tasse fortement. Ce fumier est arrosé puis recouvert de 10 centimètres de terreau retenu par des planches assemblées sur lesquelles on dépose un vitrage mobile appelé **châssis**. Le fumier ne tarde pas à fermenter activement ; le carbone qu'il renferme se combine avec l'oxygène de l'air pour former de l'acide carbonique et cette combinaison dégage de la chaleur. Le dégagement de chaleur est d'abord trop considérable ; il diminue au bout de quatre ou cinq jours, et lorsque la température intérieure du terreau n'est plus supérieure à 25 ou 30° on peut commencer les semis.

Ce sont surtout les *maraîchers* établis dans les environs des grandes villes qui se livrent à la culture potagère forcée.

MARS

AGRICULTURE. — Plantes à semer en mars : avoine, fève, pois, lentille ; trèfle commun, trèfle blanc, luzerne cultivée, luzerne lupuline, sainfoin ; prairies naturelles. — Conservation des fourrages verts dans les silos. — Œillette, houblon, tabac. — Principaux systèmes d'irrigation.

HORTICULTURE. — Culture des diverses espèces de légumes. — Variétés à recommander. — Plantes à semer en mars : carotte, salsifis, scorsonère, ciboule, oignon, poireau, ail, échalote, épinards, pois, fève, citrouille. — Le jardin fruitier. — Multiplication naturelle et artificielle. — Pépinière, marcottes, boutures, greffes ; greffe en fente, greffe en couronne, greffe en écusson.

AGRICULTURE

Pendant ce mois le cultivateur ne doit laisser perdre aucune journée de beau temps ; il achève les labours et sème les céréales de printemps, un grand nombre de légumineuses et quelques plantes industrielles. Le jardin sera labouré et ensemencé en grande partie.

PLANTES A SEMER EN MARS

Avoine. — C'est une céréale dont les grains jaunes ou noirs disposés en panicule forment une excellente nourriture pour les chevaux et dont la paille est mangée volontiers par les bœufs et les vaches.

L'avoine n'est guère sujette aux maladies ; elle n'est pas non plus beaucoup attaquée par les insectes ; c'est la céréale qui réussit le mieux dans une terre médiocre.

Voir sa culture au tableau des céréales, page 24.

Notions sur la culture des légumineuses. — Nous avons vu les principaux caractères des légumineuses à la page 30. Les graines des légumineuses, fèves, pois, haricots, sont très riches en matières azotées appelées **légumine** ; elles en renferment de 20 à 24 p. 100, aussi sont-elles un aliment substantiel quoique d'un prix peu élevé.

Les légumineuses absorbent surtout les sels de potasse ; elles viennent bien après les céréales et préparent le terrain pour la culture d'autres céréales. Le plâtre stimule leur végétation, mais nous avons vu que si on l'applique aux pois, aux fèves et aux haricots, ces légumes cuisent difficilement.

Les sels de chaux forment, avec les matières azotées de la graine, un composé qui ne se laisse pas traverser par l'eau ; c'est ce qui explique aussi la difficulté qu'on a de faire cuire les légumes dans l'eau chargée de sels de chaux.

La **fève** réussit dans les terres argileuses et humides où elle donne un rendement supérieur à ceux des autres récoltes. L'écimage, qui se pratique quelquefois immédiatement après la floraison, a pour but de concentrer la sève sur les cosses inférieures et de débarrasser la plante des pucerons qui attaquent souvent les extrémités de la tige. La fève constitue pour les chevaux une excellente nourriture ; elle leur est donnée sans préparation ou bien hachée avec d'autres fourrages. On la bat quelquefois pour obtenir la graine dont on fait une farine grossière employée à l'engraissement des bestiaux, des porcs et de la volaille. Voir la culture de la fève au tableau des légumineuses, page 166.

Pois. — Dans notre pays, le pois est peu répandu dans la grande culture ; on le sème cependant quelquefois dans les champs de pommes de terre. C'est surtout aux environs de Dunkerque qu'il est l'objet d'une culture spéciale. On le cultiverait avec avantage aux environs des villes où il est très recherché à l'état vert. Les fanes, surtout lorsqu'elles sont fraîches, forment une bonne nourriture pour les bestiaux.

Il faut avoir soin de ne pas trop fumer les pois, car

alors on obtient de grandes tiges, mais peu de graines. Les pois ainsi que les fèves sont attaquées par un insecte appelé **bruche** qui dévore l'intérieur des grains.

Ils peuvent se conserver dans les gousses pendant trois ans, et, lorsqu'ils sont écossés, pendant deux ans; ils sont même alors plus productifs que ceux de la récolte précédente. Voir la culture des pois au tableau des légumineuses, page 166.

Le **haricot** craint le froid et les pluies prolongées ; il demande une terre légère, car il pourrit facilement dans les terrains humides ; dans le Nord, on ne le cultive guère en grand que dans l'arrondissement de Dunkerque.

Lentille. — Dans le centre et le nord de la France on ne cultive que la **lentille commune** ou **grosse lentille blonde**, dont la graine amincie sur les bords sert à la nourriture de l'homme (fig. 103) et les tiges à l'alimentation des bestiaux. Nous possédons aussi un lentillon d'hiver qui forme un fourrage d'excellente qualité et que l'on associe quelquefois au mélange de vesce et de seigle. La lentille vient bien dans les contrées chau-

Fig. 103. — Grosse lentille.

des et douces et préfère un terrain léger ; elle peut succéder à toutes les plantes et prépare bien le terrain pour une céréale; elle demande peu d'engrais. La lentille commune est semée en mars dans des lignes distantes de 0^m,40 et dans la proportion de 150 litres par hectare. On donne quelques binages suivis d'un buttage lorsqu'il fait sec, et l'on arrache les pieds aussitôt que les gousses commencent à brunir ; on les fait sécher avec précaution et on les bat au fléau. Le rendement est de 20 à 30 hectolitres par hectare.

Légumineuses propres aux prairies artificielles.

Les prairies artificielles sont des surfaces couvertes de plantes fourragères destinées le plus souvent à être fauchées. Le sol ne porte ces plantes que pendant un petit

CULTURE DES LÉGUMINEUSES

	VARIÉTÉS.	CLIMAT ET SOL.	ROTATION.	ENGRAIS.	PRÉPARATION DU SOL.	SEMAILLES.	SOINS D'ENTRETIEN.	RÉCOLTE.	RENDEMENT.
Fève.	On cultive la *fève des marais* et la *fève de cheval* ou féverole; plus précoce que la précédente, elle donne un rendement plus élevé.	Elle réussit bien dans les contrées tempérées et chaudes de l'Europe et dans les terrains argileux un peu humides.	La fève n'est pas épuisante; elle prépare bien la terre pour le blé. On la cultive après les céréales.	Cendres et fumier devant servir encore à la récolte suivante de céréales, et en général engrais riches en potasse et en phosphate.	On donne un labour en août pour retourner les éteules, un deuxième profond en décembre, et un troisième superficiel à l'époque des semailles.	On sème en mars et avril: à la volée, 2 hectolit. 50 par hectare; en lignes, 2 hectol. Les lignes sont distantes de 0^m,25 environ, et les graines espacées de 5 à 8 centimètres.	On herse le semis à la volée quand il commence à sortir de terre. Dans les semis en lignes on donne deux binages lorsque les fèves sont hautes dé 8 et de 20 centimèt. On écime après la floraison.	Elle se fait lorsque la plus grande partie des cosses commence à noircir; on emploie ordinairement la sape.	Rendem. moyen : 31 hectol. par hectare.
Pois.	Pois nains à cultiver dans les champs : *Pois Bishop* à longue cosse. *Nain vert gros. Nain de Lévêque. Nain gros sucré.*	Vient bien dans toutes les parties de la France, réussit dans les terrains de consistance moyenne, argilo-calcaires.	On le sème ordinairement après une céréale, dans un terrain qui n'a pas porté de pois depuis sept ou huit ans.	Marner ou chauler les terrains peu riches en calcaire; choisir des terres modérément riches en vieil engrais.	Demande une terre profondément remuée, mais pas très bien ameublie. On donne ordinairement un labour avant l'hiver et un autre au printemps.	On sème ordinairement en mars et avril 225 litres par hectare, en lignes espacées de 0^m,32, profondes de 5 à 7 cent., les graines étant distantes de 5 cent. On sème quelquefois en touffes dans les terres sèches.	Préserver la graine des pigeons et des mulots; pratiquer un premier binage lorsque les pois ont de 5 à 8 cent. de hauteur; un second lorsqu'ils sont hauts de 15 c.; buttage lorsqu'ils ont 20 à 25 c. de haut.	On arrache les pois lorsque la moitié des cosses est mûre; on les laisse en javelles pendant une semaine, puis on les rentre à la ferme.	Rendem. moyen : 20 hectol. par hectare.
Vesce.	On connaît plusieurs variétés parmi lesquelles on distingue la *vesce de printemps* et la *vesce d'hiver.* Cette dernière, dont le grain est noirâtre, est la plus cultivée dans le nord.	Vient bien dans les climats humides, préfère un terrain frais, argileux.	Plante peu épuisante. On lui consacre des terrains peu riches en engrais; après l'avoine, le blé, etc., et pour terminer la rotation.	Lorsque le terrain est trop épuisé, on emploie le fumier de vache très décomposé, ou un compost.	On donne avant l'ensemencement un seul labour suivi d'un hersage.	On sème la vesce d'hiver à la volée, vers le commencement d'octobre; 2 hectolitres de semence suffisent pour un hectare; on y ajoute 1 hectolitre de seigle.	La vesce étant une plante essentiellement étouffante ne demande aucun soin d'entretien.	Pour fourrage, faucher lorsque les dernières fleurs viennent de passer, et que les gousses sont bien formées. Pour graines, quand la plupart des gousses sont mûres.	Rendem. moyen, vesce d'hiver, 6,000^k de fourrage sec, ou 10 hectolitres de graines et 4,000 kil. de paille.

nombre d'années, puis il est soumis de nouveau à la culture annuelle. Les légumineuses propres aux prairies artificielles. rendent de grands services dans les assolements. Elles trouvent en effet une grande partie de leur nourriture dans l'air et grâce à leurs longues racines, qui peuvent atteindre 2 mètres de longueur chez la luzerne, elles vont puiser, dans la couche profonde du sol, des principes qui étaient perdus pour toutes les autres récoltes. D'un autre côté ces plantes couvrent le terrain de leurs feuilles mortes, et lorsqu'on laboure la prairie, leurs racines enrichissent le sol arable qui se trouve ainsi plus fertile après leur culture ; de là le nom de **plantes améliorantes**. qu'on leur a donné. Mais il ne faut pas oublier que les engrais ne pénètrent que très lentement dans les couches profondes du sol, aussi ne faut-il pas faire revenir ces plantes souvent à la même place.

Le **trèfle** peut être semé sur le même sol tous les sept ou huit ans, le **sainfoin** tous les dix ou douze ans et la **luzerne** plus rarement encore. Voir leur culture au tableau des légumineuses, page 170.

Le **trèfle blanc** dont nous ne parlerons pas dans le tableau, encore connu sous le nom de *trèfle rampant* et de coucou blanc, réussit dans les terrains médiocres où il forme la base des pâturages. On le cultive rarement seul et dans ce cas on le sème, comme le trèfle commun, en sols frais, légers et calcaires, dans la proportion de 10 kilos par hectare. On le fait pâturer à l'automne de la première année ; puis, de nouveau, l'année suivante, après avoir pris une seule coupe lorsque la plante est en pleine floraison. Le rendement moyen est de 5000 kilogrammes par hectare.

La **luzerne lupuline ou minette** présente une tige grêle et couchée de 30 centimètres de largeur ; elle donne des produits passables dans les sables arides et les sols très calcaires ; on la sème, comme le trèfle, à la dose de 20 kilogrammes par hectare ; on la fait pâturer ou on la coupe en pleine floraison quand elle est très belle ; on obtient ainsi un rendement de 4000 kilos par hectare.

Plantes parasites et insectes qui attaquent les fourrages artificiels. — Deux plantes parasites se développent sur le trèfle quand on le ramène trop souvent à la même place : l'**orobanche** (fig. 104) qui croît sur ses racines,

Fig. 104. — Orobanche.   Fig. 105. — Cuscute.

et la **cuscute** (fig. 105) qui couvre toute la tige. Quand la cuscute apparaît dans un champ, il faut faucher la place où elle se trouve et y allumer du feu ; on obtient aussi de bons résultats en répandant de l'urine.

La cuscute se développe aussi sur la luzerne ; enfin un certain nombre d'insectes s'attaquent à nos prairies artificielles. Le moyen pratique de les combattre est de protéger les oiseaux utiles.

	VARIÉTÉS.	CLIMAT, SOL.	ROTATION.	ENGRAIS.	PRÉPARATION DU SOL.	SEMAILLES.	SOINS D'ENTRETIEN.	RÉCOLTE.	RENDEMENT.
Trèfle commun.	On distingue 3 principales variétés de trèfles : Le *trèfle rouge* ou commun ; Le *trèfle blanc* ou coucou blanc ; Et le *trèfle incarnat*.	Demande un climat humide et tempéré, et un terrain argilo-calcaire.	Se sème dans l'avoine, le blé ou le seigle qui suit une récolte sarclée ; prépare bien le terrain pour le blé, l'avoine, l'œillette, la pomme de terre, et pour la betterave et l'orge, en fumant.	On emploie le fumier pour les récoltes précédentes. On répand des cendres, de la suie ou des urines sur la tréflière, en janv. et en fév. Plâtrer au printemps.	Le trèfle aime une terre profondément remuée. Le labour profond doit être donné pour la récolte qui précède.	Se sème en mars et avril, dans le blé, l'orge, la cameline, mais surtout dans l'avoine. On donne une façon à la herse ; on répand 16^k,5 de graine et on recouvre par un hersage suivi d'un roulage.	(Voir *Engrais*). On nettoie la tréflière au printemps, lorsqu'il y a de mauvaises herbes.	La 1re année on peut faire pâturer le trèfle ; la 2e année une première coupe se fait au commencement de la floraison, et une seconde en pleine floraison.	Le rend. moyen est de 8,000 kilogr. On ne fait la récolte du trèfle que pendant un an.
Trèfle incarnat ou trèfle anglais.	Trèfle incarnat hâtif (15 avril). Trèfle incarnat tardif (mi-mai). Trèfle incarnat très tardif (juin).	Se rencontre surtout dans le midi de la France. Dans le nord cette plante craint les hivers rigoureux, surtout les terres argileuses compactes.	Après l'orge, le blé, le seigle ; prépare bien les terrains pour une culture de choux ou de navets, ou pour l'orge.	Se contente d'une terre médiocrement riche en engrais.	On donne un labour superficiel suivi de hersages.	On répand la graine du 15 août au 15 septembre, dans la proportion de 25 kilogr. par hectare.	On ôte quelquefois les mauvaises herbes au printemps.	Il est ordinairement consommé comme fourrage vert. On prend une seule coupe lorsqu'il commence à fleurir.	Le rend. moyen du fourrage vert égale environ 5,000 kilog. de fourrage sec par hectare.
Luzerne cultivée.	On distingue la *luzerne de Provence* d'un rendement plus considérable que la *luzerne du pays*.	C'est dans les pays chauds qu'elle donne ses beaux produits. Elle demande un sol profond, plutôt léger que compacte.	(Voir *Trèfle*). On la sème quelquefois seule en septembre après une céréale. — C'est la meilleure des plantes améliorantes. Une luzernière dure ordinairement quatre ans.	Le terrain a été fumé pour la plante sarclée, surtout s'il a déjà nourri la luzerne. Lorsque la luzerne est formée, on répand des cendres, de la suie en janv. et fév., du purin, du plâtre au printemps.	On donne un labour profond pour la céréale dans laquelle on sème la luzerne.	(Voir *Trèfle*). La quantité de semence est de 27 kilogr. On la répand quelquefois seule et en lignes espacées de 0^{m}20, afin de nettoyer facilement.	Sarclages au printemps, lorsqu'il y a de mauvaises herbes. Lorsque la luzerne est bien enracinée, on donne un léger hersage avant de répandre les engrais.	On prend ordinairement 3 coupes par an : la 1re au commencement de la floraison, du 8 au 15 juin ; les deux autres en pleine floraison.	Le rend. moyen dans le nord est de 10,000 kilogr.
Sainfoin commun.	Le sainfoin commun a donné naissance à un *sainfoin à deux coupes* que l'on cultive beaucoup dans le Nord ; il demande un terrain de meilleure qualité que le sainfoin commun.	Le sainfoin est sensible aux grands froids, craint les sols argileux, préfère les terrains secs et surtout calcaires.	Se sème comme la luzerne dans le blé et surtout dans l'avoine. Il prépare bien le terrain pour le blé et pour l'orge ; sa durée dans le nord est ordinairement de 3 ou 4 ans.	On donne une petite fumure dans les terrains pauvres. Les cendres, la suie, le plâtre, le purin produisent de très bons effets sur le sainfoin.	(Voir *Luzerne*).	(Voir *Trèfle commun*). La quantité de semence est de 4 hectolitres par hectare. Quelques cultivateurs ajoutent 3 kilogr. de trèfle, le fourrage est alors plus abondant.	(Voir *Luzerne*).	La 1re année on fait pâturer légèrement par les bestiaux. La 2e année le grand sainfoin donne 2 coupes et quelquefois un regain que l'on fait pâturer.	Rendem. moyen : 6,000 kil. par hectare.

PRAIRIES NATURELLES

On appelle ainsi des surfaces couvertes de gazon où croissent des herbes variées, la plupart appartenant à la famille des graminées. Les prairies naturelles ont une durée illimitée ; le foin qu'elles fournissent, étant composé des plantes les plus diverses, forme une excellente nourriture pour les bestiaux.

On nomme **pâturages** ou pâtures, les prairies naturelles dont les produits sont consommés sur place par les bestiaux, et **prés** celles dont le produit est fauché et converti en foin.

Le développement des prairies naturelles correspond à une augmentation dans la production animale si importante en agriculture.

On doit convertir en prairies naturelles les terrains fortement inclinés ; ceux qui sont exposés aux inondations périodiques ou que l'on peut facilement irriguer ; ceux qui sont trop humides pour les soumettre à une culture annuelle, enfin ceux qui se tiennent constamment frais et qui donnent un fourrage abondant et d'excellente qualité, exemple les pâturages des arrondissements d'Avesnes et d'Hazebrouck et des environs d'Orchies.

Lorsque l'on veut **créer une prairie naturelle** on soumet le terrain pendant plusieurs années à des cultures qui le nettoient et l'ameublissent profondément ; puis on lui fournit des engrais de longue durée : noir animal, déchets de laine, etc. On cultive alors une céréale d'automne ou de printemps dans laquelle on sème la prairie naturelle de la même façon que l'on sème les prairies artificielles.

Le **choix des semences** dépend de la nature du terrain, de la destination de la prairie, etc. ; nous donnons un exemple de mélange employé pour les terres argilo-sablonneuses ou argilo-calcaires à raison de 60 à 65 kilogrammes de graines par hectare :

Ivraie vivace	4	Fétuque fausse ivraie	4
Arrhénatère élevée	6	Dactyle peletonné	3
Pâturin des prés	4	Flouve odorante	2
Pâturin commun	4	Fléole des prés	2
Agrostide vulgaire	4	Tréfle des prés	1
Vulpin des prés	3	Vesce à bouquet	1
Fétuque des prés	4	Lotier corniculé	2

Les arbres fruitiers plantés dans les pâturages de qualité médiocre ou moyenne donnent un produit souvent supérieur en valeur à celui de l'herbe ; l'ombre qu'ils projettent modère l'évaporation dans les terrains secs.

Entretien des prairies naturelles. — Les engrais, plus nécessaires aux prés qu'aux pâturages, sont les fumiers, le purin de basse-cour, les composts dont nous avons parlé en janvier. Les substances qui se décomposent difficilement seront appliquées avant l'hiver, mais celles qui abandonnent facilement leurs sels solubles comme les cendres de bois, la suie, le fumier très consommé sont employés en mars et avril. Les terres rapportées sont conduites dans les prairies pendant les fortes gelées. La terre des taupinières sera répandue au printemps et un roulage tassera les gazons soulevés par les gelées. Les cultivateurs soigneux font sarcler leurs prairies pour faire disparaître quantité de mauvaises herbes qui diminuent la qualité du foin. Pendant la bonne saison les bouses de vache sont répandues uniformément ou recueillies pour former un compost avec de la terre.

Les pâturages sont divisés au moyen de haies en plusieurs sections que l'on fait successivement pâturer. Quant aux prés on les coupe la première fois lorsque les plantes sont en fleurs et la seconde fois en automne ; les produits de la seconde coupe portent le nom de **regains**. Nous parlerons en juillet de quelques instruments destinés à récolter le foin.

Lorsqu'une prairie est usée, ce qui arrive après un laps de temps considérable, on soumet le terrain pendant trois ou quatre ans à une culture annuelle qui permet de fumer le sol, puis on le transforme de nouveau en prairie naturelle.

Conservation des fourrages verts dans les silos.

— Dans les années humides il est quelquefois très difficile de convertir en foin les fourrages verts ; on peut dans ce cas les conserver dans des silos où on les prive d'air. Ces silos doivent avoir environ 1^m,50 de profondeur et 2 mètres de largeur ; s'ils sont creusés en terrain sec, il n'est pas nécessaire de revêtir leurs parois de maçonnerie, mais les fourrages aussitôt coupés y sont fortement tassés ; les grosses tiges comme celles du maïs sont préalablement hachées. Dès que le silo est rempli jusqu'au niveau du sol on étend par-dessus une certaine quantité de paille, puis on le recouvre immédiatement d'une couche de terre de 0^m,60 d'épaisseur que l'on foule énergiquement. La rosée et la pluie ne sont pas à craindre au moment de l'ensilage, mais lorsque le silo est achevé, il faut le mettre à l'abri des pluies au moyen de planches, de paillassons, etc. Les fourrages verts peuvent se conserver très longtemps dans les silos. Lorsqu'on veut les utiliser on ouvre le silo par une extrémité en ayant soin de soustraire au contact de l'air la partie déjà entamée. La quantité extraite pour un repas est exposée à l'air pendant quelques heures ; elle fermente légèrement et les bestiaux la mangent du meilleur appétit.

L'**œillette** ou pavot est cultivée pour sa graine qui donne une huile bonne à manger ; les tourteaux servent à l'engraissement des bestiaux. Quant aux tiges on peut les employer comme litière ou bien les brûler pour faire cuire le pain ; leurs cendres forment un excellent engrais (Voir la culture de l'œillette dans le tableau des plantes oléagineuses, page 210).

Fig. 106. — Cône de houblon.

Le **houblon** est une plante vivace à tige volubile pouvant s'élever à 8 ou 9 mètres de hauteur ; il porte des fleurs mâles et des fleurs femelles sur des pieds différents. On ne cultive que les pieds femelles dont les fruits sont de petits cônes (fig. 106) qu'on emploie dans la fabrication de la bière, pour la conserver et lui donner son amertume et son parfum. Les houblons d'Alsace sont les plus estimés; nos houblons de Bailleul, d'Hazebrouck, de Busigny, etc., font concurrence aux houblons belges.

On distingue deux variétés : la *précoce*, à sarments rouges, et la *tardive*, à sarments vert bleu dont les cônes sont petits et d'un jaune clair; c'est la plus estimée.

Le climat doux et humide du Nord convient au houblon que l'on cultive autant que possible dans les endroits abrités et dans les terres profondes plutôt légères que compactes. Il vient bien après les prairies naturelles et les prairies artificielles; la houblonnière dure de quinze à vingt ans et ne doit revenir sur le même terrain que cinquante ans plus tard. Le houblon est une plante épuisante; on lui donne par hectare 70,000 kilos de fumier au début de la culture, 38,000 kilos ou l'équivalent en tourteaux, cendres, etc., après chaque récolte. Le terrain étant défoncé à 0^m,60 de profondeur on plante en quinconce et à 2 mètres de distance des jets enracinés provenant d'anciennes houblonnières. Le houblon s'enroule autour de perches de 8 à 9 mètres de hauteur; on nettoie la houblonnière au moyen de binages et l'on fait la récolte des cônes en août et septembre. Pendant les deux premières années le rendement est assez faible; il peut s'élever ensuite à 1,700 kilos environ par hectare. Après la récolte on butte les pieds de houblon pour les préserver du froid.

Le **tabac**, originaire de l'Amérique, est une plante de la famille des solanées, dont on consomme les feuilles de différentes façons au grand détriment de la propreté toujours, de la santé souvent et quelquefois de l'intelligence. L'État, qui a le monopole de la vente des tabacs, en autorise actuellement la culture dans 21 départements ou fractions de départements et intervient dans les détails de la plantation et de la récolte. Cette culture peut n'être pas toujours avantageuse par elle-même, mais elle a le mérite d'enrichir le terrain et de favoriser le rendement des récoltes qui lui succèdent (Voir sa culture, page 200).

PRINCIPAUX SYSTÈMES D'IRRIGATION

On appelle irrigation l'opération qui consiste à amener l'eau sur les champs cultivés au moyen de canaux et de rigoles.

On distingue les *irrigations d'été* qui fournissent surtout l'eau nécessaire au développement rapide des plantes, et les *irrigations d'hiver* qui apportent sur le terrain les principes fertilisants que certaines eaux tiennent en dissolution ou en suspension. Les premières, indispensables dans le midi, sont peu nécessaires dans le Nord où l'humidité fait rarement défaut dans le sol, il y aurait cependant lieu d'en user dans les années sèches pour les prairies naturelles et même pour les prairies artificielles; quant aux secondes on doit s'en servir dans tous les pays.

Les eaux d'irrigation sont prises le plus souvent aux rivières et aux fleuves au moyen de **canaux de dérivation**. Les meilleures eaux sont celles qui ont été longtemps exposées à l'action de la lumière et qui traversent des terres fertiles ; les eaux des forêts, des marécages, ainsi que les eaux ferrugineuses sont nuisibles à la végétation. On utilise principalement dans le nord de la France les eaux fertilisantes des sucreries, des distilleries, des féculeries, ainsi que celles qui ont servi au lavage des laines. Les eaux des égouts des villes, qui bien souvent salissent les rivières et les fleuves, rendraient aussi de grands services à l'agriculture. On amène sur les terres qui ne portent pas de récoltes les eaux chargées de principes fertilisants; si elles sont très abondantes on entoure le champ d'une digue pour les retenir et on les laisse écouler lorsqu'elles sont devenues claires.

Le terrain des prairies soumises à l'irrigation est d'abord nivelé, puis divisé dans le sens de la pente en **planches en ados**, c'est-à-dire bombé vers le milieu.

A la partie supérieure de chaque planche on creuse une **rigole de déversement** communiquant avec le canal de dérivation situé sur la partie la plus élevée du champ. L'eau de cette rigole de déversement déborde et coule à droite et à gauche sur les ados ; la partie qui n'est pas absorbée se rend dans les **rigoles d'égouttement** creusées entre chaque planche et de là dans un **canal de réunion** qui les déverse dans un ruisseau.

Les prairies irriguées donnent des récoltes abondantes ; pour éviter leur épuisement il faut les fumer convenablement ; le peu de principes apportés par les irrigations d'été ne serait pas suffisant pour entretenir leur fertilité.

HORTICULTURE

PLANTES POTAGÈRES A SEMER EN MARS

La **carotte** est une plante bisannuelle originaire d'Europe où on la rencontre encore à l'état sauvage. Nous renvoyons pour la culture de la carotte et des légumes suivants aux tableaux des plantes potagères, pages 178 et 204.

Les graines de carotte s'agglomèrent ; on les sépare au moment de s'en servir en les frottant entre les mains avec du sable fin.

Le **salsifis** et la **scorsonère** sont cultivés pour leurs racines que l'on mange cuites après en avoir enlevé l'écorce. La racine du salsifis est blanche et celle de la scorsonère est noire. On empêche les scorsonères de monter en semences par des pincements ; on attend quelquefois la deuxième année pour en faire la récolte ; elles se cultivent comme les salsifis.

La **ciboule** sert de condiment. Outre la ciboule commune on connaît encore la *ciboule vivace* qui se reproduit au moyen de rejetons.

	VARIÉTÉS.	PRÉPARATION DU SOL.	ENGRAIS.	ÉPOQUE DU SEMIS.	SOINS D'ENTRETIEN.	RÉCOLTE.	DURÉE de la conservation de la graine.
Mâche, plante annuelle, *famille des Valérianées.*	Mâche ronde. Mâche d'Italie.	Terrain bien ameubli.	Terrain riche en vieux fumier de l'ann. précédente.	Du 15 au 30 août; on recouvre légèrement la graine.	Arroser s'il est nécessaire. Eclaircir et nettoyer.	Pendant l'hiver jusqu'à la fin de mars.	La graine de l'année ne lève pas; celle de 1, 2, 3 ans lève bien.
Asperge, p. vivace, *f. des Asparaginées.*	Asperge d'Argenteuil, hâtive.	Un bon labour à la bêche.	On fume abondamment.	On sème en octobre ou au commencement du printemps.	Arroser, éclaircir, nettoyer. Couvrir de terreau avant l'hiver.	On repique au bout de deux ans.	2 ans.
Carotte, p. bisannuelle, *f. des Ombellifères.*	Carotte grelot, très hâtive. Carotte rouge demi-longue Nantaise.	Labour de 30 à 35 centim.	Engrais bien consommés appliqués à la récolte précédente.	On sème de mars à juin 50 gr. par are.	Nombreux arrosages, sarclages et binages.	On les récolte avant leur complet développement.	5 ans; conserver les ombelles.
Salsifis, p. annuelle, *f. des Composées.*	Encore appelé Salsifis blanc.	Labours profonds.	Le fumier doit être bien décomposé.	On sème en mars et en avril 120 gr. par are.	Sarclages; arrosages lorsqu'il fait sec.	On les récolte à l'automne.	1 an.
Ciboule, p. vivace, cultivée comme bisannuelle, *f. des Liliacées.*	Ciboule commune.	(V. *Oignon.*)	(V. *Oignon.*)	A la sortie de l'hiver.	Un peu d'eau en temps de sécheresse; sarclages.	On la récolte en novembre et on la met en jauge.	3 ou 4 ans. On la conserve avec ses balles.
Oignon, p. bisannuelle, *f. des Liliacées.*	Oignon blanc, plat, hâtif, de Paris. Oignon jaune-paille des Vertus. Oignon jaune de Cambrai.	2 labours: un profond avant l'hiver; un superficiel avant le semis.	Fumier appliqué l'année précédente. Répandre de la colombine après la levée.	On sème jusqu'à la première quinzaine d'avril 100 gr. par are.	Sarclages, arrosages, s'il fait sec; on abat les fanes vers le mois de juillet.	La récolte se fait en septembre.	2 ans. Celle d'un an est meilleure.
Poireau, p. bisannuelle, *f. des Liliacées.*	Poireau monstrueux de Carentan. Poireau long d'hiver.	(V. *Oignon.*)	(V. *Oignon.*)	(V. *Oignon.*)	Repiquer à la fin de juin; rogner plusieurs fois l'extrémité des feuilles.	La récolte se fait au fur et à mesure des besoins.	2 ans. Conserver les ombelles.
Ail, p. vivace, *f. des Liliacées.*	Ail rose hâtif. Ail commun.	N'aime pas à succéder à l'oignon et à l'échalote.	Craint les fumiers frais et les arrosages abondants.	On plante en mars à 12 centimètres de distance.	Nouer les fanes en juin; biner.	Lorsque les feuilles de la plante se dessèchent.	1 an.
Echalote, p. vivace, *f. des Liliacées.*	Echalote ordinaire. Echalote de Jersey.	(V. *Ail.*)	Fumier bien décomposé.	On plante en mars à 15 centimètres de distance.	Biner, supprimer les tiges florales; donner de l'air aux pieds.	Lorsque les feuilles sont desséchées, en août.	On les conserve en lieux chauds.
Epinard, p. annuelle, *f. des Chénopodées.*	Epinard lent à monter. Epinard d'Angleterre.	Labours profonds.	Fumier de vache, cendres de bois, purin.	En mars et en septembre, en ligne ou à la volée.	On laisse entre les pieds 8 à 10 cent. Sarclages, arrosages en temps sec.	A l'automne et au printemps, jusqu'en mai.	3 ans.

Oignon et **Poireau**. — Les *oignons blancs* sont semés en août; ils sont récoltés de bonne heure l'année suivante. On obtient encore des produits hâtifs en plantant en février de petits bulbes à 10 centimètres de distance. Les oignons deviennent très gros quand on les arrose avec de l'eau dans laquelle on a délayé de la colombine.

On trie les poireaux avant de les repiquer, puis on retranche une grande partie des racines et la moitié des feuilles.

L'ail est une plante condimentaire d'un emploi très répandu. On le cultive en grand à Arleux (Nord).

L'échalote sert à relever la saveur des mets et des sauces.

Épinards. — L'épinard, lent à monter, est semé au printemps, l'épinard d'Angleterre à l'automne.

Pois. — Nous avons déjà parlé de sa culture dans les champs page 164.

Fève. — La fève est consommée lorsqu'elle est encore à l'état de grains tendres.

Citrouille encore appelée courge, potiron. On obtient des fruits énormes en arrosant de quinze jours en quinze jours avec de l'eau dans laquelle on a délayé de la colombine.

LE JARDIN FRUITIER. — MULTIPLICATION NATURELLE ET ARTIFICIELLE

Les végétaux ligneux se reproduisent naturellement par le semis et artificiellement par le marcottage, le bouturage, et le greffage. Par la **reproduction naturelle**, on obtient des individus semblables, quant aux caractères de l'espèce, à ceux qui ont produit les graines, mais les caractères de la variété sont presque toujours altérés. Ainsi lorsqu'on sème des pepins de duchesse d'Angoulême on est bien sûr d'obtenir des poiriers, mais il est presque certain qu'on n'obtiendra pas de duchesse d'Angoulême. Quelques variétés de pêchers (pêche d'Oignies) et de pruniers (Reine-Claude) se reproduisent à peu près franchement par le semis, mais ce sont des exceptions. Le semis donne parfois de nouvelles variétés méritantes, mais ces succès sont rares ; il faut quelquefois plusieurs centaines de sujets de semis pour trouver une bonne variété.

Par la **reproduction artificielle** le produit obtenu est tout à fait semblable au sujet dont il tire son origine ; c'est du reste le même arbre qui se développe sur un second sujet.

Dans chaque jardin au village il est bon d'avoir une petite *pépinière ;* on appelle ainsi le terrain consacré à la multiplication des arbres fruitiers. Pourquoi ces arbres sont-ils si rares? c'est qu'on les trouve trop chers pour en faire des plantations. Apprenons donc à les former nous-mêmes et bientôt tous nos jardins seront plantés. Le terrain de la pépinière sera d'une consistance moyenne, défoncé à 70 centimètres de profondeur et abrité, autant que possible, contre les vents du nord ; on y reproduira les végétaux naturellement et artificiellement.

Quels sont les sujets que nous devons mettre dans notre pépinière et comment pouvons-nous les obtenir?

Les poiriers..
- à haute tige se greffent sur *poiriers francs* obtenus de semis.
- à basse tige se greffent sur *cognassiers* obtenus de marcottes ou de boutures.

Les pommiers
- à haute tige se greffent sur *pommiers francs* obtenus de semis.
- à basse tige se greffent sur *pommiers paradis* obtenus par le marcottage par cépée.

Les pruniers..
- à haute tige se greffent sur *pruniers Saint-Julien* obtenus par semis et marcottes.
- à basse tige se greffent sur *pruniers Saint-Julien* obtenus comme précédemment.

Les cerisiers..
- à haute tige se greffent sur *merisiers* obtenus de semis.
- à basse tige se greffent sur *pruniers Sainte-Lucie* obtenus de semis.

Le pêcher à basse tige se greffe le plus souvent sur *prunier Saint-Julien* obtenu par semis ou marcottage.

L'abricotier se greffe sur *prunier Saint-Julien* obtenu par semis et marcottage par cépée.

On trouve chez les pépiniéristes tous ces sujets âgés d'un an au prix de 2 à 5 francs le cent.

Multiplication naturelle.

Les graines, pepins, noyaux, etc., proviendront de sujets vigoureux et de beaux fruits bien mûrs; aussitôt extraits des fruits, on les nettoiera; puis on les soumettra

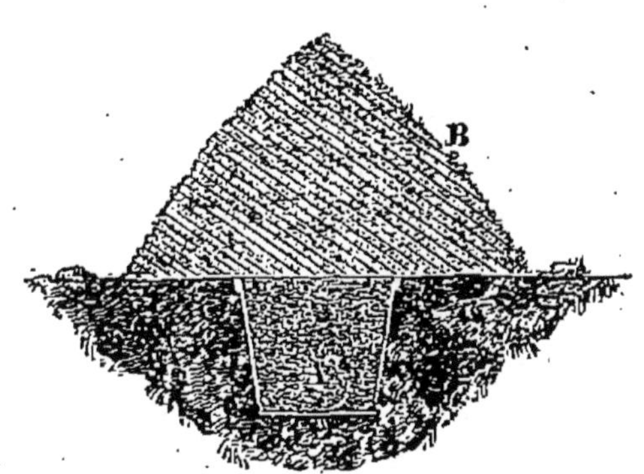

Fig. 107. — Graines stratifiées dans un vase enterré.

à la **stratification**. Cette opération consiste à les mélanger avec du sable fin et de la terre légère, plutôt sèche qu'humide, et à introduire ce mélange dans un pot à fleur A (fig. 107) qu'on enterre dans le jardin en le surmontant d'une petite butte de terre B, de manière à écarter les eaux qui ne doivent pas être trop abondantes pendant l'hiver. Ces graines commencent à germer sur la fin de février; on les retire au commencement de mars, on coupe l'extrémité de la radicule afin que la racine ne soit pas pivotante, puis on les sème en planches de 1 mètre à 1^m,50 de largeur dans des lignes distantes de 25 centimètres et profondes de 3 à 5 centimètres. On recouvre avec du terreau ou de la bonne terre fine et on jette sur les planches un paillis d'un centimètre d'épaisseur formé de fumier sec et émietté. On arrose quand il fait sec et on détruit les mauvaises herbes.

A la fin de la première année, de novembre à mars, par un temps doux, on repique tous les sujets obtenus, à 20 centimètres de distance, et un an plus tard on les place en quinconce à 40 ou 50 centimètres les uns des autres s'ils doivent former des arbres à basse tige, et à 50 ou 60 centimètres s'ils doivent former des arbres à haute tige. C'est là qu'ils seront greffés, et ils ne sortiront de la pépinière que pour être mis en place. A chaque transplantation on coupe l'extrémité des racines qui ont une tendance à pivoter, on les replace dans leur position naturelle et on arrose pour favoriser la reprise.

Multiplication artificielle.

Marcottes. — Le marcottage consiste à faire prendre racine à une partie d'un végétal qui est encore attachée au pied mère. Cette opération repose sur les deux principes suivants : 1° une branche développe des racines lorsqu'on la met dans la terre ; 2° une racine peut sous l'influence de la lumière et de l'air donner naissance à une ou plusieurs tiges.

On distingue trois sortes de marcottages : le marcottage par couchage, le marcottage par cépée et le marcottage par racine ou drageonnage. Ces différents marcottages peuvent être pratiqués en toute saison, mais il vaut mieux les effectuer au printemps avant le premier mouvement de la sève.

1° Marcottage par couchage. — Le pied mère est un sujet que l'on a **recépé** l'année précédente au printemps, c'est-à-dire que l'on a coupé à quelques centimètres du

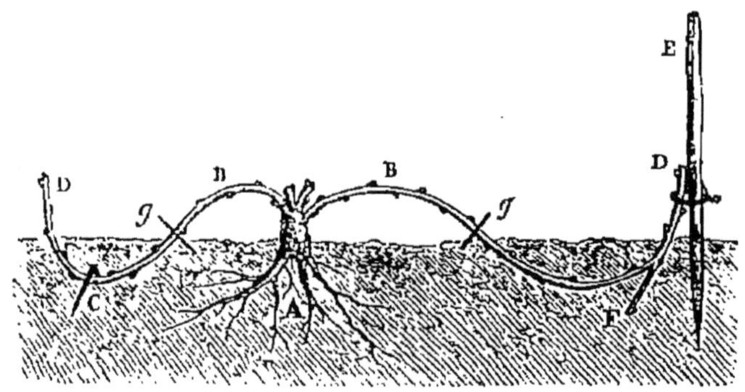

Fig. 108. — Couchage simple.

sol. Par suite du recépage il s'est développé un certain nombre de branches. Au printemps on ouvre autour du pied mère une petite fosse dans laquelle on incline les branches que l'on retient au moyen d'un bâton fourchu C (fig. 108). La fosse est alors comblée et on taille la partie libre de chaque rameau D, D sur 2 ou 3 yeux. Pour faciliter l'émission des racines on tord la partie de la branche qui est enterrée ou bien l'on y fait une fente de bas en haut à partir de la base d'un œil F; on recouvre aussi la terre d'un paillis et l'on arrose de temps en temps.

Beaucoup d'arbrisseaux peuvent se multiplier par le couchage : vigne, cognassier, groseillier, aucuba, etc.

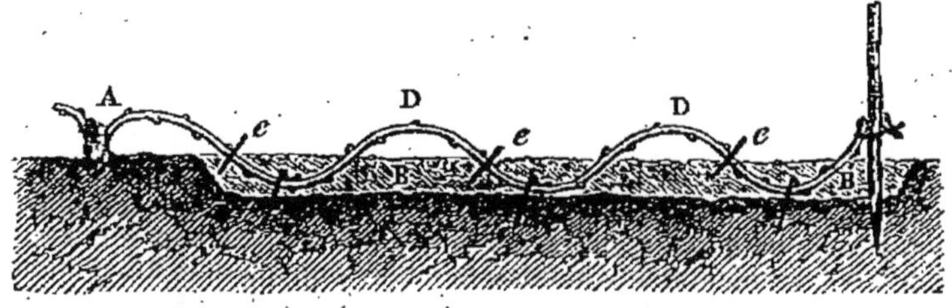

Fig. 109. — Couchage en serpenteau.

L'année suivante, au printemps, les racines sont souvent assez longues, on les **sèvre**, c'est-à-dire on les coupe en G, puis on les transplante et on recommence le couchage avec les branches développées pendant l'année.

Certaines espèces grimpantes telles que l'aristoloche, la vigne vierge, la glycine, etc. produisent de longues branches ; il est possible de faire plusieurs marcottes avec chacune d'elles, c'est ce qu'on appelle le *couchage en serpenteau* (fig. 109).

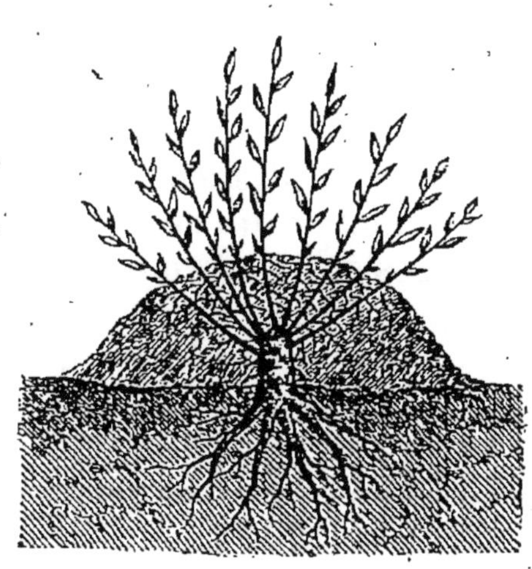

Fig. 110. — Marcottage par cépée.

2° **Marcottage par cépée** (fig. 110). — Le pied mère, recépé au printemps, donne naissance à un grand nombre de branches que l'on butte en juillet et qui sont suffisamment enracinées à la fin de l'année ; on les enlève au printemps suivant et il s'en développe d'autres que l'on traite de même.

On multiplie ainsi les pommiers paradis et doucin, le prunier Saint-Julien, le cognassier. Ce dernier réussit mieux lorsqu'on butte au printemps des branches d'un an.

3° **Marcottage par racines ou drageonnage.** — Certaines espèces ont des racines qui s'enfoncent peu profondément dans le sol ; lorsqu'elles passent près de la surface elles donnent naissance à des bourgeons qui se transfor-

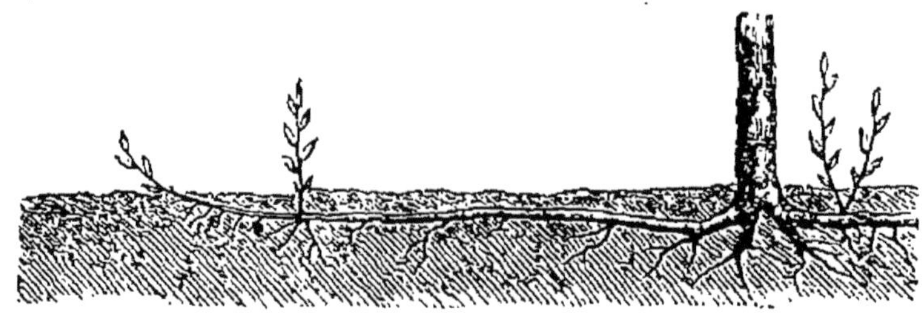

Fig. 111. — Drageonnage.

ment en rameaux (fig. 111) ; il suffit de les transplanter avec le fragment de racine qui les porte pour obtenir de nouveaux sujets appelés **drageons**. Le drageonnage est donc un moyen naturel de reproduction qu'on emploie pour les églantiers, pour certains rosiers, les framboisiers, les lilas, ainsi que pour divers pruniers et cerisiers. Les sujets ainsi obtenus sont généralement de médiocre qualité, car ils drageonnent à leur tour, ce qui les affaiblit beaucoup.

Boutures. — Le bouturage est une opération qui consiste à faire prendre racine à une partie de végétal complètement séparée du sujet principal. Cette partie du végétal, qui porte le nom de bouture, est ordinairement un fragment de branche, mais ce pourrait être une portion de racine ou même un simple bourgeon. Pour faire une bouture on détache à l'automne, ou mieux au printemps, avant toute végétation, des branches bien conformées que l'on divise en fragments ordinairement longs de 10 à 35 centimètres et portant au moins 5 yeux, dont un à la partie inférieure. On plante ce petit rameau verticalement de manière à laisser dépasser les deux yeux supérieurs et on maintient la terre dans un état d'humidité convenable. La bouture contient un peu de sève de réserve qui suffit au développement de quelques feuilles au printemps et de petites racines ne tardent pas à se former. On peut reproduire par le bouturage des espèces à bois mou : cognassiers, pommiers paradis et doucin, vigne, groseillier ; on multiplie aussi de cette façon quelques grands arbres : peuplier, saule et un grand nombre d'arbustes, tels que rosier, jasmin, etc. Les boutures de rosier, de houx, etc., doivent conserver la base de la branche encore appelée **talon**; il en est de même de la bouture

Fig. 112. — Bouture soumise à l'écorçage.

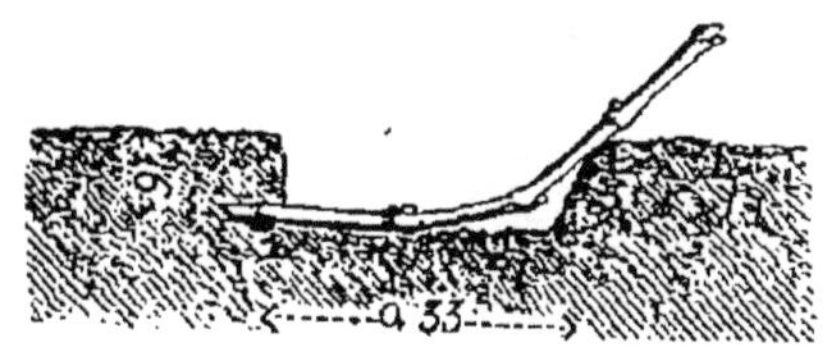

Fig. 113. — Bouture de vigne.

de vigne à laquelle il est bon d'enlever l'épiderme de la partie inférieure (fig. 112). Les boutures de vigne sont longues de 50 à 60 centimètres; elles sont inclinées dans la terre comme l'indique la figure 113.

Greffes. — Le greffage consiste à implanter sur un sauvageon un rameau ou un œil appartenant à l'espèce que l'on veut reproduire. La greffe et le sujet doivent être de même espèce. L'opération réussit cependant quelquefois entre espèces très voisines appartenant à la même famille, ex. : pêcher et prunier.

Quelle que soit la façon d'opérer, le liber de la greffe doit toujours être en communication avec le liber du sujet. On appelle **liber** la couche la plus interne de l'écorce dans laquelle circule la sève descendante qui peut seule souder la greffe au sujet. Nous avons vu en novembre quels sont les outils nécessaires au greffage; il faut encore des liens et les meilleurs sont la laine, les feuilles de massettes des marais et de tritoma séchées à l'ombre et mouillées au moment de leur emploi ; le raphia, dont on se sert aussi, se délie facilement et manque d'élasticité. Enfin un mastic est nécessaire pour recouvrir les plaies ; celui de Lhomme présente l'avantage de s'appliquer à froid ; celui dont la

Fig. 114. — Greffe en fente terminée par la ligature et l'engluement.

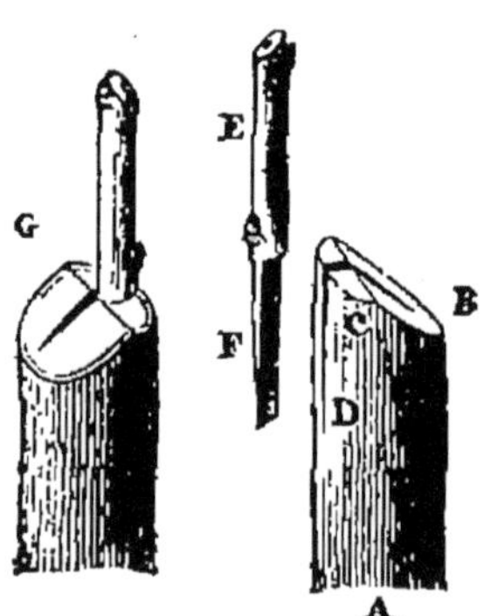

Fig. 115. — Greffe en fente.

formule est indiquée à la page 147 est employé à l'état tiède.

Les **rameaux-greffons** destinés aux greffages de

printemps doivent être sains et bien aoûtés, c'est-à-dire que leur bois doit être dur ; on les coupe en décembre et janvier lorsque la température n'est pas trop froide et on les conserve jusqu'à l'époque du greffage en les enterrant aux deux tiers de leur longueur, dans un sol sec, au pied d'un mur exposé au nord, ou à l'ombre d'un arbre vert.

La **greffe en fente** se pratique généralement au printemps, en mars et avril. Le greffon étant taillé en biseau, et portant deux ou trois yeux dont un à la base du biseau comme l'indique la figure 115, on le place dans un vase contenant de la mousse fraîche. On coupe alors le sujet de moyenne grosseur horizontalement, puis obliquement en B.

Toutes les coupes peuvent être faites à la scie, mais sont nécessairement rafraîchies à la serpette. Dans la partie la plus élevée on fait avec le couteau à greffer (fig. 36, p. 71) une fente verticale CD de la longueur du biseau ; on la tient un peu ouverte à l'aide d'un coin en bois et on introduit le greffon en faisant coïncider son liber avec celui du sujet ; on ligature et on applique le mastic.

Lorsque le sujet est un peu plus volumineux on le coupe horizontalement et on pose deux greffes (fig. 114). Le mastic est étendu sur la coupe A, sur les biseaux des greffons en ayant soin de ne pas recouvrir les yeux qu'ils peuvent porter Y, sur l'extrémité du greffon O, et sur les plaies que le sujet présente E.

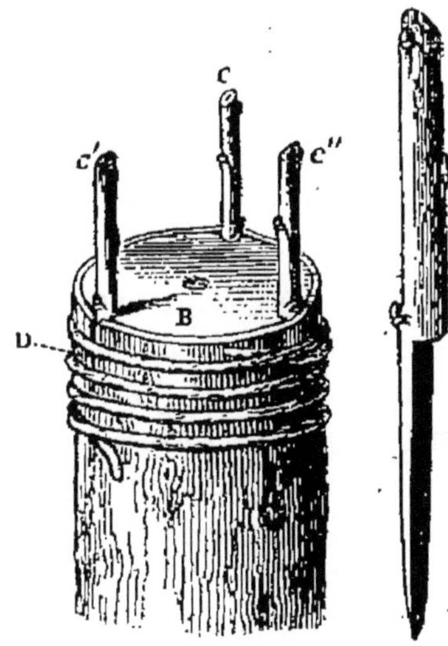

Fig. 116. — Greffe en couronne ordinaire.

Greffe en couronne. — Elle se pratique au printemps, un peu plus tard que la greffe en fente, et aussitôt que l'écorce se détache de l'aubier :

on s'en sert pour les sujets un peu volumineux. Le greffon est préparé comme l'indique la figure 116 ; la partie inférieure est taillée en biseau plat commençant en face d'un œil ; c'est ce biseau que l'on introduit entre l'écorce et le bois du sujet. Pour empêcher l'écorce de se déchirer, il est quelquefois nécessaire de la fendre à l'endroit où l'on veut poser la greffe. On ligature et on mastique.

Greffe en écusson. — Dans ce mode de greffage, la greffe est un œil entouré d'un peu d'écorce ; on l'appelle écusson à cause de sa forme. Les rameaux sur lesquels

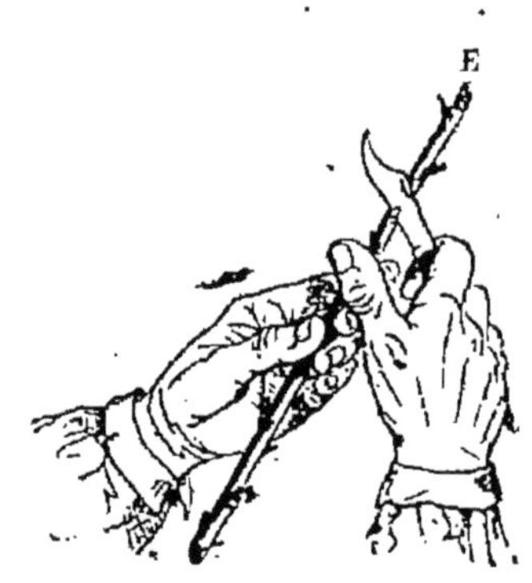

Fig. 117. — Greffe en écusson. Fig. 118. — Greffe en écusson.

on prend les écussons sont de l'année, sains, vigoureux, en sève et suffisamment aoûtés (fig. 117) ; on n'utilise guère que les yeux de la partie médiane, les yeux E de la partie supérieure sont souvent trop développés et les yeux C de la base ne le sont pas assez. Les pétioles sont coupés à 1 centimètre de leur naissance, puis on lève les yeux comme l'indique la figure 118. Pour cela on prend le rameau d'une main et l'écussonnoir de l'autre, et on marque les deux extrémités de l'écusson par deux coupes horizontales faites sur le rameau E à 12 millimètres au-dessus de l'écusson et à 15 millimètres au-dessous ; puis, plaçant la lame de l'écussonnoir au-dessus du trait supérieur, on enlève une certaine quantité d'écorce

en prenant le moins de bois possible ; on obtient ainsi
l'écusson au revers duquel on aperçoit un peu de bois sous
le bourgeon ; c'est le germe de l'œil, sans lui il n'y a pas
de végétation possible. Quelquefois, et surtout dans le

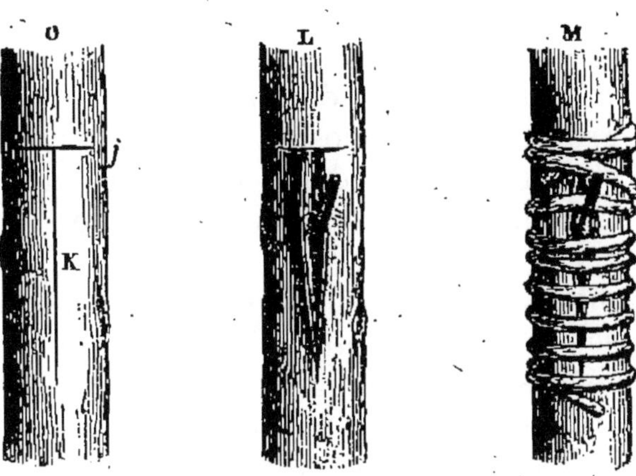

Fig. 119. — O, sujet incisé. — L, sujet écussonné. — M, sujet écussonné et ligaturé.

poirier, ce germe est accompagné d'une esquille
d'aubier, on l'enlève en la saisissant par la partie supérieure entre la spatule et le pouce, pendant qu'on

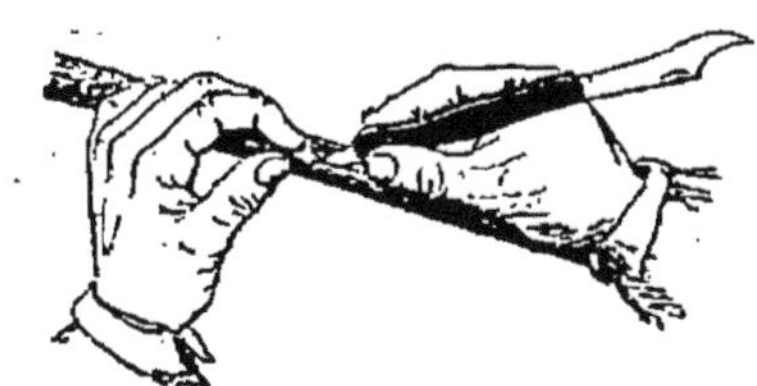

Fig. 120. — Greffe en écusson.

tient l'écusson entre l'index et le pouce de l'autre main
qui appuie sur le germe de l'œil ; l'esquille ainsi enlevée
a la forme d'un fer à cheval. Sur le sujet O (fig. 119), on
a fait dans l'écorce deux incisions en T ; aussitôt l'écusson
préparé on soulève les bords du trait K à leur point de
jonction comme l'indique la figure 120. On obtient ainsi

l'écusson inoculé L. Pour faire la ligature on se sert le plus souvent de laine douce ; on commence par le haut et l'on fait en sorte que les tours de spire soient rapprochés et ne couvrent pas l'œil de l'écusson.

On écussonne à deux époques différentes, au printemps et en été. On opère au printemps lorsque l'écorce se détache facilement de l'aubier ; l'œil entre immédiatement en végétation, c'est l'**écussonnage à œil poussant**. On greffe ainsi le rosier : 1° en avril avec des bourgeons de l'année précédente conservés comme nous avons vu ; 2° en juin avec des bourgeons de l'année courante.

L'écussonnage d'été, beaucoup plus en usage que le précédent, se pratique en juin, juillet, août et septembre, selon les espèces, au moment où la sève commence à diminuer. L'œil ne se développe que l'année suivante au printemps : c'est l'**écussonnage à œil dormant**. Si l'on écussonne trop tôt, lorsque la sève est très abondante, l'opération ne réussit pas : l'œil est noyé. Si l'on écussonne trop tard, l'écorce ne se sépare plus bien de l'aubier et le succès n'est pas plus grand. Les arbres à haute tige sont écussonnés plus tôt que les arbres à basse tige. On écussonne d'abord le prunier et le merisier, puis l'amandier et le poirier franc, enfin le cognassier et le pommier.

Aussitôt l'écussonnage terminé on retranche l'extrémité des branches du sujet, soit un quart de leur longueur, puis on les réunit et on les lie ensemble vers leur sommet. La sève circule moins activement et l'écusson se soude au sujet.

Écimage ou étêtage du sujet. — On appelle ainsi la suppression de la tête du sujet. Lorsque l'écussonnage est à *œil poussant* on commence à supprimer une partie des branches huit jours après le greffage, puis les suppressions continuent à mesure que le greffon se développe jusqu'à ce qu'il ne reste plus qu'un onglet de 10 centimètres au-dessus de l'écusson.

Si l'écusson est à *œil dormant*, on coupe d'une seule

fois le sujet à 10 centimètres au-dessus de l'écusson, au printemps de l'année suivante.

Pendant leur développement on doit palisser toutes les greffes contre un tuteur et faire une chasse active aux insectes ; l'onglet sera coupé en biais au-dessus de la greffe en août et septembre et la plaie recouverte de mastic.

AVRIL

AGRICULTURE. — Pomme de terre. — Betterave. — Carotte. — Chicorée. — Chanvre. — *Couveuses et mères artificielles.*

HORTICULTURE. — Pomme de terre. — Betterave. — Tétragone. — Artichauts. — Révision des notions étudiées en février et mars. — Rôle des sociétés scolaires protectrices des animaux et oiseaux utiles.

Les exercices de jardinage doivent être nombreux pendant ce mois et les suivants, aussi les leçons théoriques seront-elles moins longues.

AGRICULTURE

Pomme de terre. — La pomme de terre est une plante de la famille des Solanées dont les tiges souterraines portent des renflements charnus appelés **tubercules**. On dit avec raison que la pomme de terre est le pain tout fait des pauvres; d'ailleurs elle est presque devenue indispensable à tout le monde. Elle est originaire d'Amérique et c'est grâce aux efforts de Parmentier que sa culture s'est généralisée en France vers la fin du dix-huitième siècle.

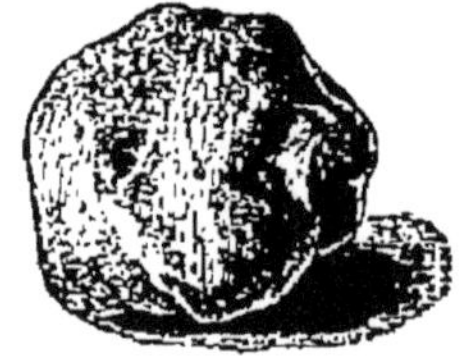

Fig. 121. — Patraque. Fig. 122. — Marjolin. Fig. 123. — Vitelotte.

Les variétés de pomme de terre sont très nombreuses. On peut les ranger en trois catégories. 1° Les **patraques** ou rondes (fig. 121) parmi lesquelles on distingue des variétés à grand rendement et propres par conséquent à la culture des champs. Exemple : la *pomme de terre chardon*, la *farineuse rouge*, d'excellente qualité et de bonne conservation.

2° Les **vitelottes** ou tubercules allongés (fig. 122, 123), tantôt cylindriques, tantôt aplatis. Nous trouvons dans ce groupe la *marjolin* ou *quarantaine* et la *vitelotte de Paris* qui sont des variétés de table à cultiver dans le jardin.

3° Les **oblongues** dont la forme se rapproche de l'œuf. Exemple : la *précoce rose* ou *hâtive* qui est très productive.

La **plantation** se fait au printemps ; si les tubercules sont de grosseur moyenne on les emploie sans les diviser, si leur volume est plus considérable on les coupe en deux dans le sens de la longueur. Les pommes de terre destinées à la plantation sont conservées en cave pendant l'hiver ; sur la fin de février ou au commencement de mars, c'est-à-dire lorsque les gelées ne sont plus à craindre, on les expose sous un hangar, où on les remue de temps en temps. La température du hangar étant à cette époque inférieure à celle de la cave, les germes s'allongent moins vite et deviennent plus corsés, ce qui rend la production plus abondante ; on évite d'ailleurs ainsi de casser les premiers germes, qui sont les plus fertiles.

La pomme de terre est attaquée par un *champignon parasite* qui envahit tous les organes de la plante, tiges, feuilles, tubercules auxquels il donne une couleur noire et dont il provoque la décomposition. On recommande pour prévenir cette maladie de renouveler quelquefois les espèces par le semis, les espèces les plus anciennes étant les plus sujettes à la maladie ; de n'employer pour la plantation que des tubercules parfaitement sains, de brûler les fanes de pommes de terre attaquées, de ne point faire revenir cette culture souvent à la même place, et de choisir le terrain et les engrais comme nous allons l'indiquer.

Un insecte, le *doryphore à dix lignes*, exerce de grands ravages sur la pomme de terre en Amérique ; heureusement pour nous qu'il est jusqu'aujourd'hui presque inconnu en Europe (Voir la culture de la pomme de terre, page 196).

Betterave. — La betterave est une plante bisannuelle; la première année, elle donne une racine pivotante qui produit la seconde année une tige chargée de fleurs et de graines.

La culture de la betterave est une des plus importantes de notre pays; elle a subi une crise dans ces dernières années, mais les cultivateurs ont rapidement modifié leurs procédés et ils obtiennent de meilleurs résultats par un choix judicieux des graines et des engrais.

On trouvera dans le tableau synoptique page 196 les principales variétés de betteraves à sucre. Parmi les **betteraves fourragères**, nous citerons : la *betterave champêtre* ou *disette* à peau rose et poussant hors de terre; la *betterave globe jaune* avantageuse dans les terrains peu profonds à cause de sa racine arrondie et courte; la betterave *jaune ovoïde des Barres*, très productive et de bonne conservation; et parmi les **betteraves potagères**, la *betterave grosse rouge* et la *betterave rouge de Castelnaudary*.

Semence. — Les plantes s'améliorent comme les animaux; leurs qualités se développent sous l'influence des conditions de culture et se perpétuent dans l'espèce par la graine. On recherche aujourd'hui les betteraves riches en sucre et dont le rendement en poids est assez considérable; on accorde la préférence à celles qui, dans ces conditions, ne présentent pas de ramifications capables de les rendre difficiles à arracher et à nettoyer. Ce sont ces betteraves que le cultivateur doit planter pour faire sa graine. Malheureusement il n'est pas facile d'apprécier la richesse saccharine de la betterave à sa seule inspection; il faut, pour opérer avec certitude, recourir à l'analyse chimique. C'est ainsi que procèdent la plupart de nos producteurs de graines de betteraves du Nord; ils font analyser toutes les betteraves choisies comme porte-graines, et celles qui ne sont pas suffisamment riches sont rejetées.

	VARIÉTÉS.	CLIMAT ET SOL.	ROTATION.	ENGRAIS.	PRÉPARATION DU SOL.	SEMAILLES.	SOINS D'ENTRETIEN.	RÉCOLTE.	RENDEMENT.
Pomme de terre, *famille des Solanées.*	Parmi les variétés de grande production on distingue : la *pomme de terre Chardon*, la *farineuse rouge* ; et parmi les variétés à cultiver dans les jardins : la *Marjolin* ou *quarantaine*, la *Vitelotte de Paris.*	On la récolte partout où l'on cultive les céréales ; elle préfère les sols légers, les sables d'alluvion un peu humides, les terres sablo-argileuses et calcairo-argileuses.	On la cultive souvent après le blé, le seigle, l'avoine ; elle réussit bien dans les sols nouvellement défoncés et sur les défrichements de luzerne.	30,000 kilogr. de fumier par hectare, et à défaut, engrais riches en potasse. On applique quelquefois le fumier à la récolte précédente, de peur de faire pourrir la pomme de terre.	Un labour de défoncement avant l'hiver et un labour de profond^r moyenne par lequel on enterre le fumier ; un labour superficiel au moment de la plantation.	Planter à la bêche ou à la charrue en lignes profondes de 10 c. et distantes de 50 c. ; les plantes dans les lignes espacées de 45 c. Il faut 1,100 k. de tubercules par hect. On plante en avril ; quelques espèces hâtives en mars.	Lorsque l'on commence à apercevoir les tiges, on donne deux hersages : lorsqu'elles ont 8 centimètres de hauteur, on donne un binage ; lorsqu'elles atteignent 30 centim. on bine plus profondément et on butte.	La récolte a lieu lorsque les tiges se flétrissent et sèchent.	Le rendement moyen est de 10,000 kilogr. par hectare.
Betterave, *f. des Chénopodées.*	Betteraves à sucre : Variétés françaises : *Blanche améliorée Vilmorin. Blanche à collet vert,* race Brabant. Variétés allemandes : *Klein-Wanzleben. Dippe.* Pour distillerie : *Betterave à collet rose.*	Demande un climat tempéré et une terre franche. Les terres légères sont roulées énergiquement après les semis ; les terres compactes sont ameublies par les labours et les binages.	Elle vient au commencement de la rotation, après une céréale, la luzerne, le sainfoin ; elle prépare bien le terrain pour une céréale.	40,000 kilogr. de fumier assez décomposé que l'on enterre en novemb. ; 1,000 kilogr. de tourteaux mélangés à 250 kilogr. de superphosphate que l'on répand en mars. — On ajoute quelquefois un peu de nitrate de soude au moment des semailles.	Déchausser, enterrer le fumier par un labour superficiel ; six semaines plus tard, façons au buttoir et à la herse pour mélanger le fumier à la terre ; en fév. ou mars, labour profond de 20 cent.	On répand 20 kil. de semence du 20 au 30 avril, au semoir mécanique, dans des lignes distantes de 42 cent. Les betteraves dans les lignes seront espacées de 22 à 25 cent. On donne ensuite un ou deux roulages.	Lorsque les betteraves sont levées, on donne un premier binage à la houe à cheval ou à la rasette ; 3 semaines plus tard, un deuxième binage plus profond que le premier. Quelque temps après, on éclaircit. Dans les terres argileuses on donne encore un ou deux binages.	La récolte se fait à partir de la fin de septembre. On se sert de fourches, de crochets, de bêches étroites, ou d'une charrue spéciale appelée arracheur de betteraves.	Le rendement moyen est de 36,000 kilogr. de betteraves marquant au densimètre de 6°5 à 7°2.
Carotte, *f. des Ombellifères.*	Parmi les variétés de table, nous citerons : la *carotte d'Altringham*, la *rouge à collet vert de Flandre* ; et parmi les variétés fourragères : la *blanche à collet vert.*	Demande un climat tempéré, plus humide que sec, et un sol léger, profond et frais.	La carotte commence ordinairement la rotation, mais vient autant que possible après une récolte sarclée. La carotte semée dans le lin donne une bonne récolte dérobée.	Demande une bonne fumure ; le fumier bien décomposé doit être enterré avant l'hiver. On peut y ajouter des tourteaux, du purin, des matières fécales. Le sel de cuisine lui conviendrait aussi.	Labour de 15 centimètres, par lequel on enterre le fumier à l'automne ; labour profond qques jours au moins avant les semailles.	On sème en mars et en avril à la volée, 5 kil. par hectare ; en lignes distantes de 20 à 25 cent., les graines étant espacées de 4 cent. dans les lignes, dans la proportion de 3 à 4 kil. par hectare.	Un premier binage lorsque les plantes ont pris un certain développement. Quelques semaines plus tard, un second, puis un troisième binage en laissant les carottes dans les lignes, à 10 ou 15 cent. de distance ; on pratique souvent encore un ou deux binages.	On récolte en octobre et même quelquefois en nov., par un temps sec. Avec un couteau on ôte les fanes et la partie verte à un demi-centimètre au-dessous du collet.	Rendement moyen : 25,000 kilogr. par hectare.
Navet, *f. des Crucifères.*	Les principales variétés sont : le *navet rond des Vertus* ; le *navet jaune boule d'or* ; le *navet du Limousin* (n. fourrager).	Le navet affectionne les climats brumeux et les sols légers et perméables.	Après le seigle, l'escourgeon, le lin, le trèfle incarnat, l'œillette, etc., en seconde récolte.	Fumier de mouton bien décomposé, matières fécales, purin, cendres.	On donne un seul labour suivi de hersages.	On sème en juillet, 3 kil. de graines de 2 ou 3 ans. La graine d'un an donne des plants sujets à monter.	Un ou deux binages pour détruire les mauvaises herbes et laisser les navets à 15 et 20 cent. de distance.	Elle se fait vers la fin nov. On retranche les feuilles et une partie du collet.	Rendement moyen : 15 à 20,000 kil. par hectare.

Lorsque les porte-graines ont été semés trop tard en saison, la graine qu'ils fournissent donne beaucoup de betteraves montant en semence la première année de leur développement. Il est certain qu'en semant les porte-graines de bonne heure, toutes les betteraves qui ont une tendance à monter ne tardent pas à le faire et peuvent être éliminées.

Engrais. — La betterave doit trouver dans le sol une nourriture toute préparée qui lui permette de se développer rapidement ; ce n'est que dans ces conditions qu'elle arrive à maturité avant l'époque des froids et qu'elle acquiert ainsi toute sa richesse en sucre ; il faudra donc

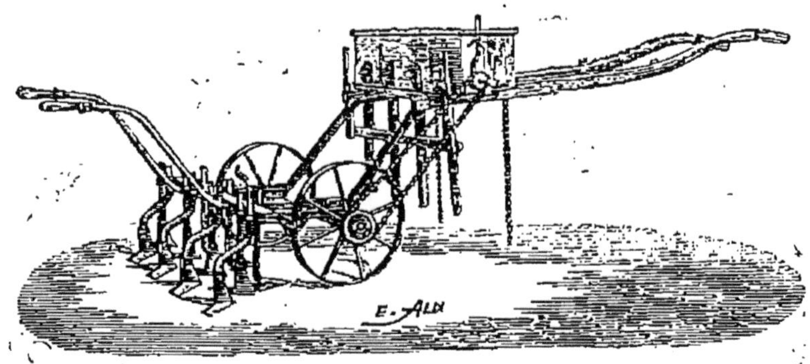

Fig. 124. — Houe à cheval distribuant l'engrais.

appliquer le fumier avant l'hiver et les engrais complémentaires très tôt au printemps. Les fumiers enterrés après l'hiver et les engrais répandus tard entretiennent la betterave en végétation jusqu'au moment de sa récolte et l'empêchent de mûrir. L'application des engrais complémentaires avant les semailles présente encore l'avantage de stimuler la première évolution de la betterave qui échappe ainsi plus facilement aux attaques des insectes. C'est à cet effet que certains cultivateurs se servent du *semoir à betteraves et engrais* à l'aide duquel ils répandent en semant cinquante kilogrammes environ de nitrate par hectare. L'engrais déposé est recouvert d'une mince couche de terre par deux lames disposées derrière les tuyaux d'écoulement, et les socs à betterave qui suivent ouvrent un sillon de deux à trois centimètres de profondeur dans lequel tombent les graines qui se recouvrent à leur tour.

On se sert encore d'une *houe à cheval* (fig. 124) qui distribue l'engrais sur les lignes de betteraves aussitôt qu'elles sont placées. L'emploi de cette houe évite de répandre entre les lignes un engrais qui favoriserait le développement des mauvaises herbes et des betteraves retranchées.

L'*effeuillement des betteraves*, lorsqu'elles sont en pleine croissance, nuit à leur développement et à leur richesse saccharine.

Parmi les *insectes qui attaquent la betterave* nous citerons l'**iule terrestre** ou mille-pieds qui creuse des ga-

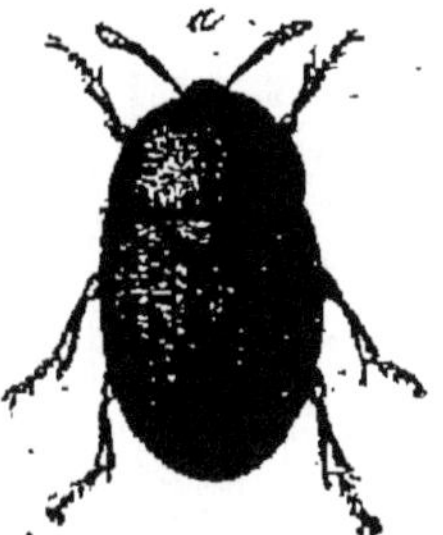

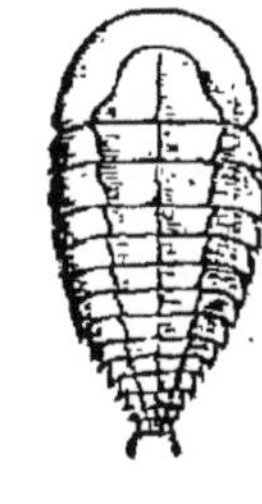

Fig. 125. — Atomaire linéaire, très grossie (*b*) et grandeur naturelle (*a*).

Fig. 126. — Sylphe opaque (*a*) et sa larve (*b*).

leries régulières dans les racines ; l'**atomaire linéaire** (fig. 125), très petit coléoptère qui attaque le germe dès qu'il se montre ; la betterave ne sort pas de terre ou bien se dessèche aussitôt levée ; les **larves de taupins** et les **larves de hannetons** qui mangent les racines ; la larve du **sylphe opaque** (fig. 126) encore appelée bouclier obscur, qui ronge les feuilles et commet quelquefois de grands dégâts. On ne connaît aucun moyen efficace de se débarrasser de toute cette vermine ; les oiseaux seuls nous rendent des services signalés.

Voir la culture de la betterave au tableau synoptique, page 196.

Carotte. — La carotte est un excellent légume, et

	VARIÉTÉS.	CLIMAT ET SOL.	ROTATION.	ENGRAIS.	PRÉPARATION DU SOL.	SEMAILLES.	SOINS D'ENTRETIEN.	RÉCOLTE.	RENDEMENT.
Chanvre, *famille des Cannabinées.*	On cultive dans le nord deux variétés de chanvre : le *chanvre commun* et le *chanvre du Piémont*, ou chanvre gigantesque.	Préfère un climat doux et humide et une situation abritée, ainsi qu'un terrain profond de consistance moyenne.	Vient bien après une prairie artificielle, une céréale, ou après la pomme de terre.	Fumier, tourteau de chanvre, feuilles et débris de chènevotte, engrais liquide.	On donne ordinairement un premier labour avant l'hiver pour enterrer le fumier; un 2e au printemps; un 3e superficiel au moment des semailles.	On répand 3 hectolit. par hectare vers la fin d'avril, si l'on veut de forte filasse et de la graine, et 5 hectolit. si l'on veut de la filasse plus fine.	Les mauvaises herbes sont ordinairement étouffées. Les irrigations sont très utiles en temps de sécheresse.	Pour obtenir la meilleure qualité de filasse, on fait la récolte quand les pieds mâles sont fleuris et que leurs tiges jaunissent.	Le rendement moyen est de 1,000 k. par hectare; ou 800 k. de filasse et 300 k. de graine.
Lin, *f. des Linées.*	*Lin de Riga* ou lin de tonne et lin après tonne. Lin de mars. Lin de mai.	Préfère un climat tempéré, une situation abritée et une terre sablo-argileuse, riche naturellement comme certains terrains d'alluvion.	Demande une terre parfaitement propre; vient bien après la luzerne, les prairies naturelles, le trèfle, le chanvre, la carotte, la betterave.	Le lin est avide d'engrais. On emploie le fumier bien décomposé, le parcage des moutons, les tourteaux de colza et de chènevis, etc.	On déchaume et on herse; on enterre le fumier; avant de semer on donne un nouveau labour suivi de nombreux hersages.	Le lin se sème en mars dans la proportion de 170 kil. par hectare, et du 10 au 20 mai dans la proportion de 144 kil. par hectare.	Lorsque le lin a atteint une hauteur de 3 à 5 centimètres, on tire les herbes à la main deux ou trois fois, suivant l'abondance des mauvaises herbes.	Pour récolter la graine, on arrache lorsque les feuilles sont tombées et les capsules brunies.	Lin de mars : graine, 560 kil.; tiges, 5,700 k. Lin de mai : graine, 870 kil.; tiges, 4,500 k.
Tabac, *f. des Solanées.*	La variété la plus cultivée est le *tabac à larges feuilles*. — Le tabac à *feuilles étroites* ou de Virginie donne des produits plus recherchés mais moins abondants que ceux de la première variété.	Donner les expositions les plus chaudes et les mieux abritées. Les terres profondes, de consistance moyenne et riches en humus conviennent bien.	Demande une terre riche en vieux fumier; vient bien après la betterave, les prairies naturelles, la luzerne, etc.	Engrais qui jouent rapidement; fumier de vache avant l'hiver; guano, colombine, tourteaux d'œillette et de colza au printemps.	On donne trois labours et plusieurs hersages; le premier labour avant l'hiver, pour enterrer le fumier; les deux autres au printemps.	Vers le milieu de mars on répand un tiers de litre environ de semence, soit sur couches, soit sur une extrémité bien préparée du champ destiné à la plantation.	Sarcler et éclaircir la pépinière, transplanter les pieds à 50 centimètres de distance; arroser s'il fait sec, biner deux fois, butter, écimer lorsque les boutons à fleurs apparaissent.	Elle a lieu fin d'août ou au commencement de septembre, lorsque les feuilles exhalent une odeur forte. On les fait sécher sous des abris.	Le rendement dans le nord est de 1,800 k.
Chicorée, *f. des Composées.*	La chicorée à café est une variété de la chicorée sauvage cultivée dans certains pays comme fourrage artificiel. La première a une racine plus grosse et moins amère que la seconde.	Préfère un climat humide. Le terrain doit être profond et de consistance moyenne.	Plante nettoyante qui vient après les céréales, et surtout après l'orge.	La chicorée demande l'équivalent de 20,000 k. de fumier bien décomposé. Le chaulage produit un bon effet dans les terrains peu riches en calcaire.	Donner avant l'hiver un labour profond. Se servir de la charrue fouilleuse; donner au print. un 2e labour pour enterrer le fumier décomposé, suivi de hersages.	On sème ordinairement à la volée 6 kil. de graines bien mûres, en mars ou au commencem. d'avril; les semis en lignes rendent les sarclages plus faciles.	Aussitôt la levée, on donne un léger binage et on commence à éclaircir le plant. Un mois plus tard on donne un 2e binage plus profond, et les plants sont laissés à 25 c. de distance. Un 3e binage est parfois nécessaire.	En novembre on fauche les feuilles pour les donner aux bestiaux, ou on les fait pâturer par les moutons, puis on arrache la chicorée comme la carotte.	Le rendement moyen est de 26,000 k. de racines.

certaines variétés à grand rendement forment une nourriture rafraîchissante pour les bestiaux.

Voir la culture, page 196.

Chicorée. — La chicorée à café ou à grosse racine est cultivée en assez grande quantité dans le nord de la France ; ses racines torréfiées et moulues sont dans notre pays ordinairement associées au café.

Voir la culture, page 200.

Chanvre. — Le chanvre comme le houblon est une plante dioïque dont l'écorce sert à faire une filasse grossière et très forte, employée à la fabrication des toiles de ménage, des ficelles, des grosses cordes. La partie ligneuse ou *chènevotte* est employée à faire des allumettes soufrées ; la graine ou chènevis, très recherchée par la volaille et les petits oiseaux, donne une huile que l'on utilise dans la préparation du savon noir.

Voir sa culture au tableau des plantes textiles, page 200.

Couveuses et mères artificielles.

Toutes les poules ne sont pas bonnes couveuses et les insuccès ne sont pas rares lorsqu'on leur confie des œufs ; d'un autre côté la poule qui couve ne pond plus, aussi un certain nombre d'éleveurs ont-ils recours à l'incubation artificielle.

Un **incubateur** se compose d'une caisse contenant une bouillote que l'on remplit d'eau chaude. Les œufs sont déposés dans un tiroir qui doit prendre place au-dessous de la bouillote ; un thermomètre placé sur les œufs doit indiquer une température maintenue entre 38 et 40 degrés centigrades. Voici comment cette condition est obtenue pour un incubateur à 25 œufs dont le prix est d'environ 38 francs. L'appareil étant posé sur un petit banc à 0^m,30 du sol, dans une chambre aérée, calme, un peu sombre et peu sujette aux variations de température, on le remplit d'eau presque bouillante, ou d'une manière plus précise à 90 degrés. Si l'on a opéré à 8 heures du matin, à 8 heures du soir on retire 10 litres d'eau par le robinet et on les remplace par 10 litres d'eau bouillante ; le lendemain à 8 heures du matin on recommence la même opération de sorte que la bouillote est réchauffée toutes les douze heures. Lorsque le thermomètre marque une température moyenne de 40 degrés, l'incubateur est réglé, ce qui arrive ordinairement au bout de quarante-huit heures. On place alors les œufs dans le tiroir après leur avoir fait une marque à l'encre ou au crayon qui permettra de s'assurer qu'on les retourne, comme font les poules.

Du premier au huitième jour, chaque fois qu'on met de l'eau dans l'appareil on sort le tiroir pour retourner les œufs et on le replace immédiatement; du huitième au douzième jour, on laisse les œufs exposés à l'air pendant dix minutes; enfin du douzième au vingt et unième jour, les œufs restent exposés à l'air pendant vingt minutes. A partir du douzième jour, les petits poussins en formation fournissent leur chaleur naturelle au tiroir, il faut donc diminuer la quantité d'eau à remplacer toutes les douze heures. Le vingt-deuxième jour les poussins éclosent; on les retire du tiroir aux heures ordinaires et on les place dans un panier garni de paille. Au bout de vingt-quatre heures on les confie à une poule disposée à couver qui les adopte facilement, ou bien on les place sous **l'éleveuse artificielle** qui est chauffée comme l'incubateur artificiel. Dans l'éleveuse, le tiroir n'existe pas et les poussins, pour se réchauffer, se rendent sous la bouillote en soulevant un petit rideau qui entoure l'appareil.

HORTICULTURE

Pomme de terre et betterave. — Voir le tableau des plantes tuberculeuses et à racines charnues, page 196.

Tétragone. — Cette plante, employée comme les épinards, présente l'avantage de pouvoir se récolter pendant les fortes chaleurs de l'été. La tétragone lève difficilement; on réussira cependant en mettant les graines dans un vase, en versant dessus de l'eau tiède, et en les laissant ainsi tremper pendant huit à dix jours.

	VARIÉTÉS.	PRÉPARATION DU SOL.	ENGRAIS.	ÉPOQUE DU SEMIS.	SOINS D'ENTRETIEN.	RÉCOLTE.	DURÉE de la conservation de la graine.
Pois, p. annuelle, *f. des Papilionacées.*	*Pois à écosser grimpants :* P. Michaux de Hollande. *Pois à écosser nains :* P. bishop à longue cosse. *Pois mange-tout grimpants:* P. corne-de-bélier. *Pois mange-tout nains :* P. breton hâtif.	Terre profondément remuée.	Craint les fumures récentes.	On commence en mars, et de quinze jours en quinze jours jusqu'en juillet.	Sarclages, binages, buttage; pincement chez les espèces grimpantes lorsque leur développement est suffisant.	Cueillir les cosses sans froisser les tiges.	3 ans, en la conservant en cosses.
Fève, p. annuelle, *f. des Papilionacées.*	Fève des marais. Fève de Windsor.	Labours profonds.	Terre fumée de vieille date.	On sème en lignes distantes de 20 à 30 centimètres au mois de mars.	Binages, buttages, écimage.	On fait la récolte en vert ou lorsque les gousses sont complètement noires.	4 ou 5 ans en cosses.
Citrouille, p. annuelle, *f. des Cucurbitacées.*	Courge à la moelle. Potiron vert d'Espagne.	Faire des trous, y mettre du fumier de vache, recouvrir de terre.	Fumier de vache bien décomposé.	Dans la première quinzaine de mars; transplanter.	Arroser en temps sec. Pincer ou marcotter les tiges.	Lorsque les feuilles meurent.	8 à 10 ans.
Tétragone, p. annuelle, *f. des Tétragoniées.*	Encore appelée Tétragonie étoilée.	Bonne préparation.	Engrais abondants et bien décomposés.	Commencement de mai.	Arrosages donnés à propos.	On cueille la tétragone quatre ou cinq fois dans l'année.	On ne doit se servir que de celle d'un an.
Artichaut, p. vivace, *f. des Composées.*	Artichaut gros-vert de Laon.	Défoncer à 40 centimèt. de profondeur.	Fumier d'étable; compost.	On plante 2 œilletons à 1 mètre de distance, en avril.	Biner, arroser, butter avant l'hiver et recouvrir de fumier.	En couvrant la tête de l'artichaut avec un morceau de drap, on rend les bractées très tendres.	»
Panais, *f. des Ombellifères.*	Panais rond, hâtif.	Terrain bien défoncé.	Fumier bien décomposé.	Février, et pour conserver en mai.	Sarclages et binages.	Ne craignent pas les gelées.	1 an.
Chou, p. bisannuelle, *f. des Crucifères.*	Choux cabus de printemps : Ch. d'York; Ch. cœur-de-bœuf.	Le terrain doit être profondément ameubli.	Copieuses fumures, fumier d'étable. On peut encore appliquer pendant la végétation du purin ou des vidanges.	Fin d'août.	Transplantation à 40 ou 60 centimètres de distance. Binages, buttages; les arrosages conviennent aux choux en général, mais surtout aux choux-fleurs.	En mai et juin.	4 à 5 ans.
	Choux cabus d'été et d'automne: gros cabus blanc; Ch. de Saint-Denis.			En mars et avril.		En août et septembre.	
	Choux cabus d'automne et d'hiver : Chou quintal; Milan des Vertus.			En mai.		Novembre et décembre.	
	Chou de Bruxelles ordinaire (fig. 128).			En mars ou avril.		Pendant l'hiver.	
	Chou vert à grosses côtes.			Première quinzaine de mai.		Résistent bien aux froids.	
	Chou-rave blanc hâtif (fig. 129).			En mars et juin.		De juin à octobre.	
	Chou-navet blanc, lissa (fig. 130).			En avril et mai.		Automne.	
	Chou-fleur Lenormant, à pied court.			En mai, pour la culture d'automne.		Septembre, octobre.	

Artichauts. — On mange crus ou cuits le réceptacle de l'artichaut et la partie charnue de la base des écailles. Cette plante donne naissance à des rejetons appelés *œilletons* que l'on détache en avril, en en laissant 2 ou 3 à chaque pied. Ces œilletons peuvent servir à former de nouveaux plants. Cette culture est rémunératrice aux environs des villes. On augmente le volume de l'artichaut en fendant la tige un peu au-dessous du fruit, et en tenant la fente ouverte au moyen d'un morceau de bois.

Revision des notions étudiées en février et mars.

ROLE DES SOCIÉTÉS SCOLAIRES PROTECTRICES DES ANIMAUX ET OISEAUX UTILES

Les insectes se multiplient de plus en plus et dévorent nos récoltes ; tantôt c'est le sylphe opaque qui commet des dégâts considérables dans nos champs de betteraves, tantôt ce sont les chenilles qui dépouillent nos arbres de leurs feuilles en été, etc. Les oiseaux qui recherchent les insectes pour en faire leur nourriture sont seuls capables de nous en débarrasser, aussi faut-il les protéger, et l'instituteur, à cet effet, ne se lassera pas de démontrer à ses élèves combien il est barbare d'enlever les petits oiseaux à leur nid, et combien cette mauvaise action est préjudiciable à l'agriculture.

Les progrès de la culture annuelle ont fait disparaître beaucoup d'arbres, de haies, de buissons. Les petits oiseaux sont obligés de faire leurs nids à proximité de nos habitations dont ils rendent le séjour plus agréable par leur présence et par leurs chants. Nous serions des ingrats et nous nuirions à nos intérêts en leur faisant la guerre.

Sous l'inspiration qui en a été donnée par l'Administration de l'enseignement primaire, des associations scolaires se sont formées dans un grand nombre de communes pour protéger les animaux et les oiseaux utiles. Il serait à souhaiter que leur création se répandit partout.

MAI

AGRICULTURE. — Sarclages et buttages. — Chou-navet. — Vesce de printemps. — Maïs, colza, cameline. — Lin.

HORTICULTURE. — Panais, choux, céleri, persil, haricots, melons, cornichons, radis. — Jardin d'agrément. — Culture des fleurs annuelles, bisannuelles et vivaces. — Arbustes d'ornement, principalement le rosier.

AGRICULTURE

Sarclages et buttages.

Le **sarclage** est un labour de quelques centimètres de profondeur donné aux terres couvertes de récoltes. Dans le jardin on se sert de la serfouette. Cet instrument porte d'un côté une lame étroite et de l'autre deux dents ; on se sert de la lame pour détruire les mauvaises herbes et des dents pour remuer la terre entre les plantes que l'on doit conserver. Dans les champs on emploie la rasette ou la houe à cheval quand les semis ont été faits en lignes. Le sarclage appliqué à la grande culture prend plutôt le nom de *binage*.

Les **binages** sont aujourd'hui donnés à la plupart de nos plantes cultivées ; ils sont plus faciles à effectuer lorsque les récoltes sont semées en lignes. On bine superficiellement lorsque les plantes sont peu développées, et à une profondeur de 8 centimètres environ lorsqu'elles sont plus grandes et à racines pivotantes ; ex. : betterave, carotte, etc. Pratiqué dans un champ, le binage produit ce double résultat : il détruit les mauvaises herbes qui absorbent la nourriture destinée aux plantes utiles et il brise la croûte qui se forme à la surface du sol sous l'influence de la pluie et de la chaleur. Les racines des plantes se développent mieux dans les terres binées qui se laissent plus facilement pénétrer par l'air, par la rosée et par les pluies. On dit avec raison que biner la terre c'est la fumer sans fumier et l'arroser sans eau ; en effet, en la pénétrant, l'air lui apporte ses principes fertilisants, et l'eau ne peut plus traverser la couche pulvérisée pour venir s'évaporer au contact de l'air. (*Expérience : sur un morceau de sucre blanc que l'on met dans une tasse, déposer une couche de sucre pulvérisé, puis verser dans la tasse une liqueur colorée ; cette liqueur s'élève par capillarité dans le morceau de sucre et ne pénètre pas dans le sucre pulvérisé.*)

Le **buttage** consiste à accumuler la terre au pied des plantes afin de faire développer de nouvelles racines, ex. : le buttage des pommes de terre ; on s'en sert encore en vue de préserver les plantes contre le froid et l'humidité ; ex. : le buttage du houblon et des artichauts.

Le **chou-navet** est un chou à racine renflée qui forme une bonne nourriture pour les bestiaux et dont on cultive quelques variétés comme plantes potagères. Le **rutabaga** (fig. 127) est une variété de chou-navet qui s'arrache facilement et qui donne un rendement moyen de 50 à 60,000 kilogrammes par hectare. Le *rutabaga à collet violet* est très recommandable. On sème en pépinière dans le courant d'avril, et à demeure à la fin de mai ou au commencement de juin, dans la proportion de 4 kilogrammes par hectare. Quand on sème en pépinière, on repique dans la seconde quinzaine de juin à 40 centimètres de distance. On donne quelques binages pour détruire les mauvaises herbes et distancer les plantes si le semis a été fait à la volée. Les feuilles se récoltent dès le mois de septembre, et les racines se donnent aux vaches et aux moutons, après avoir été hachées au coupe-racines.

Vesce de printemps. — On sème un mélange de

70 litres de vesce de printemps, 70 litres d'avoine et 140 litres de féveroles à la place d'une récolte qui a manqué, de mars à juin, et on obtient un fourrage très abondant que les bestiaux mangent en vert.

Le **maïs** n'est cultivé dans notre pays que pour le fourrage qu'il donne; on le sème du 1ᵉʳ mai au 15 juillet dans la proportion de 2 hecto-litres par hectare, après le trèfle incarnat, le seigle et l'orge cultivés comme plantes fourragères ; son rendement peut s'élever à 40,000 kilogram-mes de fourrage vert par hec-tare. Coupé au hache-paille et mélangé avec de la paille et de la balle, le maïs constitue une bonne nourriture pour les bes-tiaux. Les principales variétés cultivées sont le *maïs dent de cheval* et le *maïs cuzco.*

Le **colza** produit une huile principalement utilisée pour

Fig. 127. — Rutabaga.

l'éclairage ; les tourteaux provenant de sa fabrication servent à l'alimentation du bétail et à la fumure des terres ; les siliques sont mélangées aux aliments que l'on doit faire cuire. On connaît deux variétés : le colza d'hi-ver et le colza de printemps. Le **colza d'hiver** peut se semer à demeure ou en pépinière pour être transplanté (Voir au *Tableau des plantes oléagineuses*, p. 210, la cul-ture du colza d'hiver semé à demeure). On délaisse au-jourd'hui la culture du colza planté, ses produits ne se vendant pas assez cher pour en couvrir les frais. On le semait en pépinière vers le 15 juillet pour le transplanter à la fin d'octobre. Quant au **colza de printemps**, qui se sème vers le 20 mai, il est très peu cultivé, à cause de son faible rendement. Lorsque le colza lève par un temps sec, il est mangé par l'*altise*, très petit coléoptère de cou-leur noire ; on recommande pour l'éloigner de semer des

	VARIÉTÉS.	CLIMAT ET SOL.	ROTATION.	ENGRAIS.	PRÉPARATION DU SOL.	SEMAILLES.	SOINS D'ENTRETIEN.	RÉCOLTE.	RENDEMENT.
Œillette, *famille des Papavéracées.*	On distingue plusieurs variétés : le *pavot ordinaire* ou à *graines grises*, cultivé dans le Nord ; le *pavot aveugle*, le *pavot blanc*, utilisé en médecine.	S'accommode de tous les climats de la France, demande une terre légère, sablo-argileuse ou calcairo-argileuse, à sous-sol très perméable.	Après le trèfle, la luzerne, la betterave, l'orge, etc. ; prépare bien le terrain pour une céréale.	Le terrain doit être assez riche en engrais : fumier bien décomposé, tourteaux d'œillette, charrées, etc.	On donne un labour profond de 15 c. à l'automne, par lequel on enterre le fumier, et, au printemps, un labour un peu plus profond, suivi de 5 ou 6 hersages.	On répand la graine à la volée, ordinairement en mars, dans la proportion de 2ᵏ,5 à 4k. par hectare. On recouvre par un hersage suivi d'un roulage.	On donne un premier binage lorsque les œillettes ont quatre feuilles, et deux autres binages ordinairement de dix en dix jours. — Les pieds sont laissés à des intervalles de 16 à 20 cent.	On fait la récolte lorsqu'un dixième environ des capsules est ouvert.	Le rendement moyen est de 20 hectolitres par hectare.
Colza, *f. des Crucifères.*	Le *colza d'hiver* et le *colza de printemps*. Nous ne parlerons ici que du colza d'hiver semé à demeure.	Le Nord est plus favorable à la culture du colza que le Midi. — Cette plante redoute les sols imperméables.	Le colza est avide d'engrais : on le place au début de la rotation, ou après l'orge, la luzerne, le blé.	On emploie le fumier de ferme, le tourteau de colza, les excréments de moutons parqués et autres engrais riches en phosphates.	Le colza demande une terre parfaitement ameublie ; on donne un ou deux labours suivis de hersages.	Le colza d'hiver se sème du 15 juill. au 15 août dans la proportion de 7 litres par hectare, si l'on sème à la volée, et de 4 à 5 litres si l'on sème dans des lignes distantes de 20 à 32 cent.	Le colza d'hiver demande à l'automne un premier binage, lorsqu'il a 3 cent. de hauteur, puis deux ou trois semaines plus tard, un second par lequel on laisse les plantes à 15 ou 20 cent. de distance.	On fait la récolte lorsque les deux tiers des siliques ont pris une teinte jaunâtre. On se sert de la faucille.	Le rendement du colza d'hiver semé à demeure est de 22 à 25 hectolit. par hectare.
Cameline, *f. des Crucifères.*	"	Préfère les climats brumeux et humides du nord et de l'ouest de la France, ainsi que les sols légers et sablo-argileux.	Se cultive à la place des récoltes qui ont manqué.	Quoique ce soit une plante épuisante, on lui consacre peu d'engrais.	On donne un labour ordinaire suivi de plusieurs hersages.	On répand la semence à la volée du 15 mai au 15 juin, dans la proportion de 6 litres par hectare. On recouvre par un hersage à reculons.	On donne un binage lorsque les plantes ont 4 cent. de haut. On les laisse à une distance de 8 cent.	On arrache la cameline lorsqu'elle est jaune.	Le rendement moyen est de 16 à 18 hectolit. par hectare.

cendres, de la chaux ou de la terre brassée avec du goudron de houille. Le colza craint encore les brusques variations de température à la sortie de l'hiver ; enfin les pigeons sont très avides de sa graine, il faut en surveiller la récolte à l'approche de la maturité.

La **cameline** est cultivée pour ses graines qui contiennent de l'huile et pour ses tiges dont on fait des balais. Les tourteaux de cameline servent d'engrais (Voir sa culture au *Tableau des plantes oléagineuses*, p. 210).

Lin. — La tige du lin fournit une filasse employée à la fabrication des toiles ordinaires, des toiles fines et de la batiste ; sa graine donne une farine dont on fait des cataplasmes émollients et une huile utilisée en peinture. Les tourteaux de lin forment une excellente nourriture pour les bestiaux. Il existe un assez grand nombre de variétés de lin. On ne cultive dans le Nord que le **lin de**

Riga à tige élevée. Lorsque la semence est expédiée de Russie, on la désigne sous le nom de *lin de tonne*, parce qu'elle arrive en tonneaux. Cette graine, semée en France, produit la semence dite *lin après tonne*.

Selon l'époque de son ensemencement, on a du *lin de mars* ou du *lin de mai* (Voir sa culture p. 200).

HORTICULTURE

Panais. — Les racines de panais sont employées dans les soupes ; jeunes et tendres, elles peuvent faire un plat assez agréable (Voir la culture du panais et des légumes qui suivent aux *Tableaux des plantes potagères*, p. 204 et 214).

Choux. — Ces légumes servent à de nombreuses pré-

Fig. 128. — Chou de Bruxelles ordinaire.

Fig. 129. — Chou-rave.

parations culinaires. Le *chou de Bruxelles* (fig. 128) demande une terre relativement maigre, autrement il pousse en feuilles et les petites pommes ne se forment pas. On pince le bourgeon terminal à 0ᵐ,50 de terre et on coupe les feuilles de la base.

Les *choux-raves* sont cultivés pour le renflement de la tige qui est comestible.

Le **céleri** se mange cuit et plus souvent cru en salade. On le fait blanchir sur place en le recouvrant de longue litière, et si les plantes sont très espacées on les lie avec de la paille, puis on les butte.

Persil. — Les feuilles de persil sont employées comme condiment.

Les **haricots** sont consommés soit à l'état sec, soit à l'état vert. Dans les variétés appelées *mange-tout,* on fait usage des gousses et de leur contenu. Les gousses des autres variétés peuvent être aussi mangées, si elles sont très jeunes; on les désigne sous le nom de *haricots verts.*

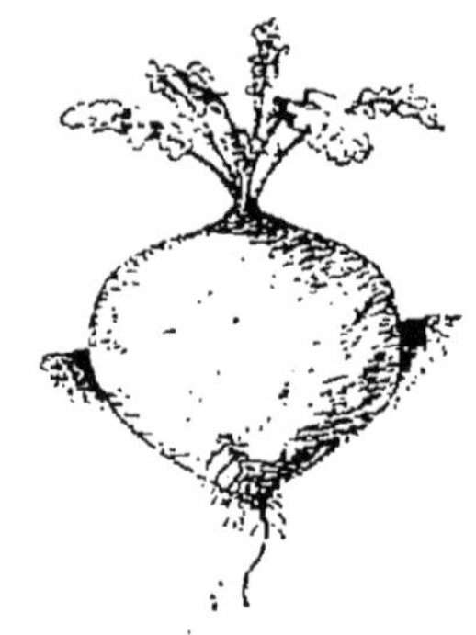

Fig. 130. — Chou-navet.

Melons. — On consomme d'ordinaire les melons assaisonnés de sel et de poivre, ou bien, ainsi que cela se pratique dans le Nord, saupoudrés de sucre. Parmi les principales variétés, nous citerons le *cantaloup noir des carmes* et le *Prescott à fond blanc.* Le melon se cultive sur couche ou sur butte. Nous ne parlerons que de cette seconde manière de le cultiver. On ouvre une fosse de 0ᵐ,20 de profondeur que l'on remplit de fumier à moitié décomposé dont on forme une butte d'environ 0ᵐ,40 de hauteur et sur laquelle on répand une couche de terre fine de 0ᵐ,15 d'épaisseur. On dépose alors quatre ou cinq graines au sommet de la butte où l'on a eu soin de mettre un peu de terreau, et l'on recouvre d'une cloche. Il ne tarde pas à se développer quatre ou cinq pieds; on conserve les deux plus forts que l'on taille sur deux feuilles quand ils en portent quatre ou cinq. Un pied donne ainsi naissance à deux branches; chacune d'elles est taillée sur trois feuilles, et on y voit bientôt apparaître trois branches nouvelles que l'on taille une der-

	VARIÉTÉS.	PRÉPARATION DU SOL.	ENGRAIS.	ÉPOQUE DU SEMIS.	SOINS D'ENTRETIEN.	RÉCOLTE.	DURÉE de la conservation de la graine.
Céleri, p. bisannuelle, *f. des Ombellifères.*	Céleri plein blanc. Céleri à coupér.	Bon labour.	Fumier fait.	D'avril en juin. Semer clair, recouvrir avec du terreau, arroser souvent.	Repiquer les plants en juin à 35 cent. Arrosages fréq.; à blanchir quand ils sont développés.	Au fur et à mesure que le céleri blanchit; il pourrirait si on le conservait trop longtemps.	Peut se conserver 3 ou 4 ans; la graine de l'année est préférable.
Persil, p. bisannuelle, *f. des Ombellifères.*	Persil commun. Persil frisé.	Labour ordinaire.	Fumier bien décomposé, le fumier frais nuit au parfum de la plante.	De février en juin; la graine lève au bout de 20 a 40 jours.	Arrosages et sarclages.	Couper avec les ongles un peu de persil sur chaque souche; le produit est plus abondant.	2 ans.
Haricot, p. annuelle, *f. des Papilionacées.*	*Haricot à écosser grimpant :* de Soissons blanc. *Har. à écosser nain :* flageolet à feuilles gaufrées. *Har. mange-tout à rames :* har. noir d'Alger. *Har. mange-tout nain :* har. d'Alger nain.	Labours et binages tenant le sol meuble.	Engrais bien décomposé ; cendres.	Se sème en mai, en lignes ou en touffes.	Binages et buttages. Enlever quelquefois un certain nombre de feuilles pour hâter la maturité.	Lorsque la récolte se fait en sec, on expose les bottes dans un endroit aéré et à l'abri de l'humidité.	Les haricots gardés en cosses lèvent mieux. La semence de 2 ans est préférée.
Cornichon, p. annuelle, *f. des Cucurbitacées.*	Concombre à cornichons.	Terrain préparé par un labour ordinaire.	Fumier bien consommé et en abondance; colombine.	On sème en mai dans une rigole remplie de terreau.	Arrosages abondants; diriger les tiges à droite et à gauche de la ligne.	De juillet à septembre. On les cueille lorsqu'ils ont la grosseur du doigt.	6 ou 7 ans.
Radis, p. annuelle, *f. des Crucifères.*	Radis rond blanc. Radis demi-long rose. Radis gris d'été. Radis noir d'hiver.	Terre bien préparée.	Fumier très décomposé.	Rad. de printemps : de mars à mai; d'été et d'automne: de mai à sept.	Tasser légèrement le sol après le semis. Nombreux arrosages.	On récolte le noir d'hiver au mois de nov.; se conserve en jauge, en cave dans le sable.	4 ou 5 ans.
Cerfeuil, p. annuelle, *f. des Ombellifères.*	Cerfeuil commun.	Labour ordinaire.	Demande une terre bien fournie d'engrais.	De quinze en quinze jours, de mars à octobre, en lignes; on recouvre à peine.	Arroser beaucoup en été.	Le couper à mesure qu'il pousse.	La semence la plus nouvelle est la meilleure.
Laitue, p. annuelle, *f. des Composées.*	*Laitues de printemps :* laitue Georges; laitue crêpe, graine noire. *Laitues d'été :* laitue palatine; laitue grosse blonde paresseuse. *Laitues d'hiver :* laitue morine; laitue de passion. *Romaines.*	Terrain préparé par un labour ordinaire.	Terre riche en terreau.	Laitues de printemps, en mars. Laitues d'été, d'avril en juillet. Laitues d'hiver, du 15 au 20 août. Romaine verte, au printemps; Rom. blonde, en été; R. rouge, en août.	Les laitues aiment l'eau. Elles sont repiquées à 20 c. de distance. Arrosages et binages.	La récolte se fait lorsque la laitue est bien développée.	3 ans.
Chicorée-endive, p. annuelle, *f. des Composées.*	Chicorée de Rouen. Chicorée frisée de Meaux. Chic. fine d'été ou d'Italie. Scarole blonde maraîchère.	On donne un labour ordinaire.	Sol riche en terreau. Délayer de la colombine dans les eaux d'arrosage.	Semer en juin et juillet pour repiquer en août; avoir soin de couper l'extrémité des racines et des feuilles.	Repiquer peu profondément à 35 c. de dist.; arroser, biner, lier lorsque les chicorées sont développées.	On récolte au fur et à mesure qu'elles blanchissent.	4 ou 5 ans.

nière fois sur deux feuilles. Les rameaux qui naissent alors donnent des fleurs fertiles. On ne laisse sur chaque pied que quatre ou cinq fruits qui mûrissent de juillet à septembre. Lorsque les branches du melon ne peuvent plus tenir sous la cloche, on soulève celle-ci et on la maintient au-dessus du pied, à l'aide de trois crémaillères, jusqu'au milieu de l'été. Le melon demande des arrosages fréquents, mais il faut éviter de les donner avant que les fruits soient noués et ne pas verser trop d'eau sur le pied de la plante, ce qui pourrait occasionner la pourriture.

Les **cornichons**, cueillis lorsqu'ils atteignent la grosseur du doigt, et confits dans le vinaigre, sont un condiment très estimé.

Les **radis** ordinaires sont mangés sans préparation particulière ; les gros radis, coupés par rondelles minces, doivent rendre leur eau dans le sel avant d'être consommés.

JARDIN D'AGRÉMENT, CULTURE DES FLEURS ANNUELLES, BISANNUELLES ET VIVACES

Les fleurs seront cultivées à l'entrée du jardin, dans les plates-bandes 1, 2, 3, 4, 5, 6 et dans la corbeille 7, plans n° 1 et n° 2, page 69. Les fleurs forment la parure la plus belle et la moins coûteuse de nos habitations ; leur culture est une agréable distraction qui développe le goût du beau et procure les plus douces satisfactions. Les coins reculés seront plantés d'arbustes d'ornement et les plantes grimpantes, aristoloche, glycine, vigne vierge, clématite, rosiers grimpants, etc., garniront les murailles qui ne peuvent être occupées par les arbres fruitiers.

La culture des espèces de fleurs de plein air présentant l'avantage d'être à la portée de tout le monde et de toutes les bourses, nous nous en occuperons exclusivement. Si l'on a quelque corbeille à garnir on y plantera au printemps une des fleurs suivantes : myosotis, silène, pensée, giroflée jaune simple à laquelle on fera succéder les zinnias, les reines-marguerite, les bégonias.

Les plates-bandes seront faciles à orner si l'on a soin d'y entretenir un grand nombre de plantes vivaces ; cependant, pour que le jardin d'agrément soit toujours fleuri, on intercalera des-plantes annuelles et des plantes bisannuelles entre les plantes vivaces.

Voici une liste des plantes annuelles, bisannuelles et vivaces qui se recommandent par leur beauté et leur facile culture ; chaque année on pourra y faire choix de quelques spécimens à cultiver.

Plantes annuelles.

Balsamine double variée.
Capucine naine Tom-pouce.
Coréopsis nain pourpre.
Gaillarde peinte.
Giroflée quarantaine variée.
Immortelle.
Ketmie d'Afrique à grande fleur.
Lin à grande fleur rouge.
Myosotis des Alpes bleu.

Phlox de Drummond varié.
Pied-d'alouette nain double varié.
Reine-marguerite naine variée.
Réséda odorant pyramidal a grande fleur.
Silène à fruits pendants.
Volubilis.
Zinnia double nain varié.

Plantes bisannuelles.

Campanule à grosse fleur double
Giroflée jaune simple variée.
OEillet de Chine double varié.

OEillet de poète varié.
Pensée à grande fleur.
Rose trémière.

Plantes vivaces se reproduisant par semis.

Anémone couronnée.
Anémone éclatante.
Auricule variée.
Benoite écarlate.
Campanule pyramidale.
Érigeron élégant.
Gesse à large feuille.
Lupin polyphylle varié.
Lychnis croix-de-Jérusalem rouge.

Muflier nain varié.
OEillet des fleuristes double varié.
OEillet flamand.
OEillet mignardise double varié.
Pavot à bractées.
Pied-d'alouette (*Delphinium formosum*).
Primevère des jardins variée.
Pyrèthre rose double varié.

Pour amener la réussite des semis de toutes les fleurs, il est très utile d'avoir un châssis ; à son défaut ces semis se feront dans des terrines que l'on recouvrira d'un carreau de verre et que l'on placera au pied d'un mur exposé au midi. Il est important de toujours tenir la terre dans un état d'humidité convenable.

Les *plantes annuelles* que nous avons citées sont semées vers le 8 avril, excepté le myosotis et le silène qui le sont en pleine terre vers le 15 août.

C'est vers le milieu du mois de mai que l'on fait les semis des *plantes bisannuelles et vivaces* à l'exception des pensées que l'on sème au 15 août.

Les fleurs aiment une terre légère, le terrain qui leur est destiné sera amendé avec du sable, du terreau, des balayures, etc.

Les plantes cultivées en pot peuvent être fumées avec l'azotate d'ammoniaque pour les plantes à feuillage ornemental et avec le phosphate d'ammoniaque pour les plantes à fleurs. Ces substances sont dissoutes dans les eaux d'arrosage dans la proportion de 1 gramme par litre.

Plantes vivaces se reproduisant ordinairement au moyen d'oignons, d'éclats, de griffes ou de boutures.

Anémone du Japon.	Julienne des jardins double.
Bégonia tuberculeux hybride érecta.	Lis blanc.
	Lis martagon.
Chrysanthème vivace de l'Inde.	Lis tigré.
Couronne impériale.	Phlox hybride vivace.
Dahlia lilliput double varié.	Pivoine officinale à fleur double.
Dielytra remarquable.	Pivoine en arbre.
Funkia à feuilles bordées de blanc.	Pivoine à fleur blanche.
	Renoncule pivoine.
Glaïeul gandavensis hybride varié.	Spirée barbe-de-bouc.
	Tritoma uvaria.
Iris germanique.	Véronique germandrée.

Un petit nombre de plantes vivaces doivent être protégées contre les grands froids de l'hiver. On couvre le *tritoma* de feuilles mortes. A la chute des feuilles on récolte les *tubercules*, les *oignons*, les *racines* ou *griffes* des bégonias, des dahlias, des glaïeuls, des renoncules-pivoines et on les conserve, à l'abri de la gelée, en les déposant sur une planche dans une cave sèche. On recommande de mettre dans le sable les tubercules de bégonia et les griffes de renoncule. Toutes ces racines sont plantées vers le 15 avril de l'année suivante. Avant de les mettre en pleine terre, il est bon de provoquer le développement des bégonias et des dahlias en les plaçant sous un châssis, ou à défaut dans le terreau au pied d'un mur exposé au midi.

ARBUSTES D'ORNEMENT, PRINCIPALEMENT LE ROSIER

Les arbustes d'ornement peuvent servir à faire quelques massifs devant la maison lorsque la disposition du terrain s'y prête. Les espèces suivantes ne sont pas bien rares et feront cependant bon effet :

Aucuba du Japon.	Houx commun.
Coguassier du Japon.	Ketmie de Syrie.
Coudrier noisetier à feuille pourpre.	Lilas commun.
Cytise faux ébénier.	Négundo à feuilles de frêne (variété à feuilles panachées).
Diervilla du Japon.	Viorne obier.
Fuchsia coccinea.	

Avant l'hiver il faut couvrir le pied du fuchsia coccinea de feuilles mortes, et chaque année au printemps on doit rabattre les tiges, c'est-à-dire les couper à quelques centimètres du sol.

Rosier. — Cet arbuste qui donne des fleurs sans rivales pour leur beauté et leur parfum est très facile à former. On plante des églantiers que l'on trouve facilement dans les bois, les haies, etc.; on les écussonne rez terre, à œil dormant, au commencement du mois d'août. La première année de leur développement les écussons pourraient être renversés par le vent, on leur donne des tuteurs ; en juillet, on coupe la tête des églantiers au-dessus de l'écusson et on recouvre les plaies de mastic Lhomme-Lefort. Ces rosiers seront sûrement préservés de la gelée en les couvrant avant chaque hiver de quelques pelletées de terre. Les belles variétés de rosiers ne manquent pas ; nous en citerons quelques-unes parmi les espèces suivantes :

Rosier Thé : Gloire de Dijon, — Adam, — Reine-Marie-Henriette.

Rosier de l'île Bourbon : Souvenir de la Malmaison, — Reine des Iles Bourbon, — Hermosa.

Rosier Noisette : Aimée Vibert, — Céline Forestier, — Ophirie.

Rosiers hybrides remontants : Général Washington, — Captain Christy, — Paul Neyron, — La France, — Charles Lefèvre, — Charlotte Corday, — Belle du printemps, — Jules Margottin, — Élisabeth Vigneron, — Madeleine Brohan, — Général Jacqueminot.

JUIN

AGRICULTURE

Les **choux**, à l'état vert, servent de nourriture aux bestiaux, aux vaches principalement ; on les donne avec du fourrage sec, car ils renferment beaucoup d'eau ; employés seuls ils communiquent au lait une saveur désagréable.

Les principales variétés sont le *chou caulet de Flandre*, beaucoup cultivé dans le nord ; le *chou branchu du Poitou*, moins grand que le précédent, mais se ramifiant dès la base pour former un buisson très productif ; le *chou moellier* dont la tige renflée est avec les feuilles mangée par les bestiaux. C'est une excellente variété qu'il faut faire consommer avant les grands froids, car elle ne résiste pas bien à la gelée.

Le chou se plaît dans les sols argileux, frais sans être humides ; on le cultive en seconde récolte immédiatement après les céréales, la vesce d'hiver, le trèfle anglais. Les engrais qui lui conviennent le mieux sont le fumier, les boues des fossés, les cendres, le purin. Un seul labour donné après l'enlèvement de la récolte précédente suffit pour préparer le terrain.

Les choux sont semés en pépinière pendant le mois de

juin; on les transplante en août à 50 ou 80 centimètres de distance, on sarcle et on butte. On commence à effeuiller les choux quand les feuilles inférieures prennent une légère teinte jaunâtre, et on peut continuer l'effeuillement pendant l'hiver, dans ce cas c'est au printemps que les choux sont coupés rez terre. Le rendement est de 50 à 60,000 kilog. de fourrage vert.

Navet. — Certaines variétés de navets sont cultivées dans les champs pour l'alimentation de l'homme; quelques autres le sont pour la nourriture des bestiaux, mais elles fournissent un aliment peu riche (Voir la culture p. 196).

PRINCIPALES PLANTES NUISIBLES DANS LES CULTURES

Toutes les plantes qui croissent à côté de nos plantes cultivées sont nuisibles et doivent être détruites avant d'avoir produit de la semence; on désigne plus particulièrement sous le nom de mauvaises herbes les plantes non cultivées qui se reproduisent naturellement dans nos récoltes. Lorsqu'un champ en est infesté il faut se garder de les détruire par un labour ordinaire. Les graines enterrées profondément ne poussent pas, mais conservent leurs propriétés germinatives et elles produisent lorsqu'un nouveau labour les a ramenées à la surface du sol. On évite cet inconvénient en donnant quelques façons à l'extirpateur; les graines légèrement enterrées ne tardent pas à germer et on laboure le champ lorsque toutes les plantes sont levées.

Parmi les plantes nuisibles aux cultures annuelles un grand nombre appartiennent à la famille des **composées**, qui est caractérisée par la disposition des fleurs en capitules comme dans le pissenlit. Les graines sont munies de petites aigrettes, aussi le vent les transporte à de grandes distances; il est donc essentiel de ne point les laisser fleurir dans les fossés et les chemins à proximité des champs. Les plantes à signaler sont le *pissenlit*, la *camomille des champs* et la *camomille puante* auxquels nous ajouterons les *chardons* et les *cirses* que l'on ne doit pas couper avant le mois de mai, car ils repoussent si on les coupe plus tôt, le *chrysanthème des moissons* qui ressemble à la grande marguerite des prés, mais dont la fleur est jaune, le *bluet*, le *laiteron des champs* qu'il ne faut pas confondre avec les laiterons que l'on donne aux lapins sous le nom de lacerons, le *séneçon commun* dont les graines sont mangées avec avidité par les petits oiseaux de volière, le *tussilage pas-d'âne* très commun dans les terres argileuses.

Dans la famille des **renonculacées** on peut citer les *renoncules*, encore appelées bassins d'or, qui sont très difficiles à détruire et qu'il faut ramasser avec soin lorsqu'on laboure.

Voici maintenant deux plantes de la famille des **crucifères** qui doit son nom à la disposition en croix des quatre pétales de la fleur : c'est la *moutarde des champs* à fleurs jaunes, encore appelée sené, qui infeste nos récoltes, et le *radis sauvage* à fleurs blanches, vulgairement nommé ravelu.

Continuons l'énumération par le *datura stramoine* ou pomme épineuse, plante vénéneuse appartenant comme la *morelle noire* à la famille des **solanées**. La *petite ciguë*, de la famille des **ombellifères**, est plus vénéneuse encore ; elle croît dans les jardins et pourrait être confondue avec le cerfeuil ; cependant on peut la distinguer à la mauvaise odeur qu'elle dégage lorsqu'on froisse la feuille entre ses doigts.

Dans la famille des **graminées** nous trouvons le *chiendent* si difficile à détruire et dont les racines servent à faire une tisane rafraîchissante ; et l'*ivraie enivrante* dont la graine est un poison pour les bestiaux.

Citons encore les plantes suivantes qui appartiennent à différentes familles : l'*euphorbe* ou réveille-matin, la *mercuriale annuelle* dont on compose des lavements purgatifs, le *liseron des champs*, le *lychnide nielle* ou nielle des blés, à grande fleur d'un rouge violet, le *mouron des champs*, les *patiences* qui ressemblent à l'oseille, le *pa-*

vot coquelicot, le *plantain*, les *prêles* ou queue-de-cheval que l'on trouve dans les champs humides, le *gui blanc* qui se développe principalement sur le premier. Rappelons la *cuscute* et l'*orobanche* qui sont aussi des plantes parasites vivant aux dépens du trèfle.

Les plantes suivantes ne se rencontrent guère que dans les prairies naturelles : achillée millefeuille, berce branc-ursine, colchique d'automne, jonc, mousses, populage des marais, séneçon Jacobée.

INSECTES UTILES ET INSECTES NUISIBLES A L'AGRICULTURE

On appelle insectes (dont le radical *sect* signifie divisé), de petits animaux dont le corps se compose de trois parties bien distinctes, la tête, le thorax et l'abdomen. La *tête* porte la bouche, les yeux et les antennes, le *thorax*, les trois paires de pattes et les ailes chez les insectes ailés ; enfin l'*abdomen* formé d'anneaux. Beaucoup d'insectes subissent des **métamorphoses**, ou transformations ; chez les papillons par exemple, les *œufs* (fig. 151) donnent naissance aux *larves* ou *chenilles* (fig. 156) ; celles-ci se transforment en *nymphes* ou *chrysalides* qui donnent naissance aux *insectes parfaits* (fig. 152).

Insectes utiles. — Un certain nombre de coléoptères sont utiles à l'agriculture. Les *carabes* (fig. 131) sont essentiellement carnassiers ; ils font ainsi que leurs larves (fig. 132) une chasse active aux limaces, aux vers et aux autres insectes. Il faut donc les conserver. Le *calosome sycophante*, plus large que le carabe doré, dévore les chenilles du bombyx processionnaire. Les *cicindèles*, de couleur verte avec des taches blanches sur les ailes, sont également insectivores. Les *féronies* et les *harpales* attaquent les petites espèces que dédaignent les carabes.

Les *bousiers*, les *aphodies fossoyeurs*, les *nécrophores fossoyeurs* (fig. 133), les *boucliers* ou *silphes*, vivent dans les matières en décomposition, dans les cadavres et dans les excréments qu'ils font disparaître.

Les *coccinelles* ou bêtes au bon Dieu (fig. 134) se nourrissent de pucerons. Le *lampyre luisant* (fig. 135) est l'ennemi des limaces. Le *staphylin odorant* mange des chenilles et des limaces.

Les larves de *libellules*, vulgairement appelées demoi-

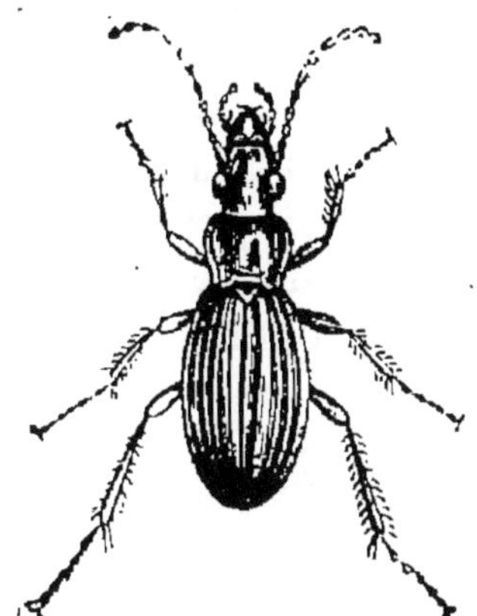

Fig. 131. — Carabe.

Fig. 132. — Larve de carabe.

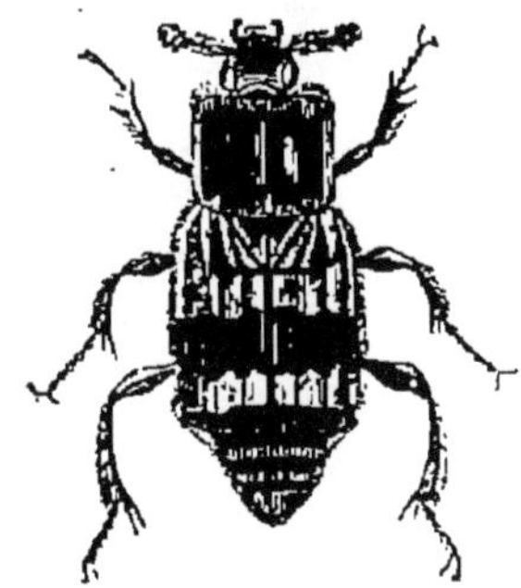

Fig. 133. — Nécrophore.

selles, vivent dans l'eau où elles détruisent d'autres insectes.

Les *ichneumons* (fig. 136) sont les plus utiles de tous les insectes. Ils sont en général petits et remarquables par l'allongement de tou-

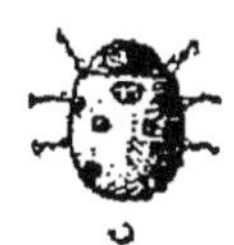

Fig. 134. — Coccinelle.

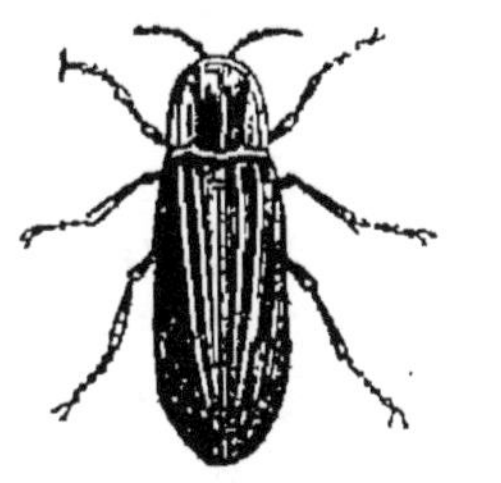

Fig. 135. — Lampyre splendidule, mâle et femelle.

tes les parties de leurs corps. Leur abdomen, attaché au tronc par un filet très grêle, porte à son extrémité trois soies chez les femelles. C'est à l'aide de ces soies que les ichneumons percent la peau des chenilles et déposent un œuf dans la petite plaie. L'œuf donne naissance à un ver qui ronge les tissus de la chenille toute vivante et entraine ainsi sa mort. La quantité de chenilles ainsi détruites par les ichneumons est considérable. Dans la même catégorie d'insectes nous trouvons l'*abeille mellifique* que l'on élève pour la production du miel.

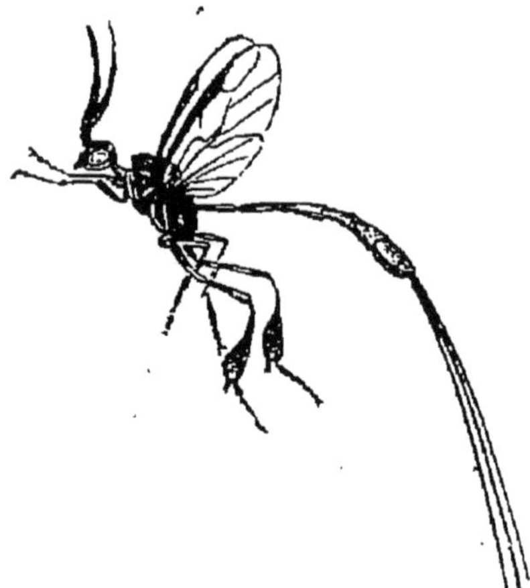

Fig. 136. — Ichneumon.

Parmi les papillons, le *bombyx du mûrier* ou ver à soie et l'*attacus cynthia* ou ver à soie de l'ailante nous donnent leur fil précieux.

Beaucoup de larves de diptères (on appelle ainsi des

Fig. 137. — Syrphe (insecte utile).

insectes qui portent deux ailes comme la mouche commune) se nourrissent de matières putréfiées qu'elles font disparaître rapidement. Quelques-unes d'entre elles font la guerre aux pucerons et aux chenilles. Les *syrphes* (fig. 137) comme les ichneumons pondent leurs œufs sur les chenilles.

Insectes nuisibles. — Pour faciliter l'étude de ces insectes nous les diviserons en plusieurs catégories.

1° **Insectes nuisibles aux céréales.** — Nous citerons le *zabre bossu*, l'*anisoplie*, l'*élater* ou taupin des blés, le *hanneton*, l'*aiguillonier*, la *noctuelle moissonneuse*, la *cécidomye du froment*, les *oscines*, le *charançon* et la *fausse-teigne des blés* (Voir leur description et leurs figures à la culture des céréales, p. 24).

2° **Insectes nuisibles à quelques plantes industrielles.** — L'*atomaire linéaire* et le *silphe opaque* attaquent la betterave (Voir la culture de cette plante à la p. 199). Les *altises* (fig. 138) mangent les jeunes crucifères, colza, navet, chou (Voir les moyens de les combattre à la culture du colza, p. 209).

3° Insectes nuisibles aux plantes potagères. — Les larves de *bruches* (fig. 139) dévorent l'intérieur des pois, des fèves et des lentilles; les larves de *hanneton* (fig. 140) appelées vers blancs s'attaquent aux racines des légumes et en particulier à celles des laitues et des fraisiers. Il faut arracher les plantes qui jaunissent et rechercher les larves de hanneton pour les tuer. On peut aussi semer des graines de laitues parmi les plantes que l'on veut protéger, les larves mangeront les laitues de préférence à toute autre plante. Les larves du *charançon du chou* attaquent les

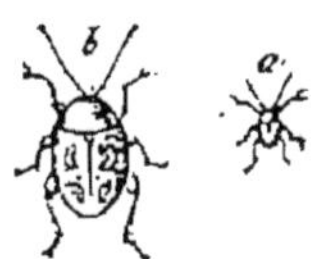

Fig. 138. — Altise du chou, grandeur naturelle (*a*) et grossie (*b*). Fig. 139. — Bruche du pois. Fig. 140. — Larve du hanneton.

racines des choux et y produisent des excroissances de la grosseur d'un pois. Les *altises* causent de grands dégâts dans les semis de crucifères, choux, navets, radis. On conseille de mêler de la fleur de soufre à la semence quelques jours avant de l'employer, ou encore de répandre sur les jeunes plantes une décoction d'absinthe ou de l'eau dans laquelle on a versé un peu de jus de tabac.

Un certain nombre de chenilles de papillon se nourrissent de feuilles de chou, de navet, etc. Nous citerons la *piéride du chou* (fig. 141) et la *noctuelle du chou* (fig. 142). La larve de la *teigne du pois* ronge les pois encore verts dans les cosses; celle de la *tipule potagère*, insecte qui ressemble à un cousin de grande taille, vit aux dépens des racines de betteraves, de pommes de terre, etc.

Les *courtilières* (fig. 143) se nourrissent des larves qui

vivent dans la terre ; malheureusement elles coupent les racines qui se trouvent sur leur passage et deviennent ainsi nuisibles. On emploie le moyen suivant pour en débarrasser le sol ; on enterre du fumier de vache à demi desséché que l'on a mis préalablement dans un filet à larges mailles ; les larves qui vivent dans le fumier attirent les courtilières dont on

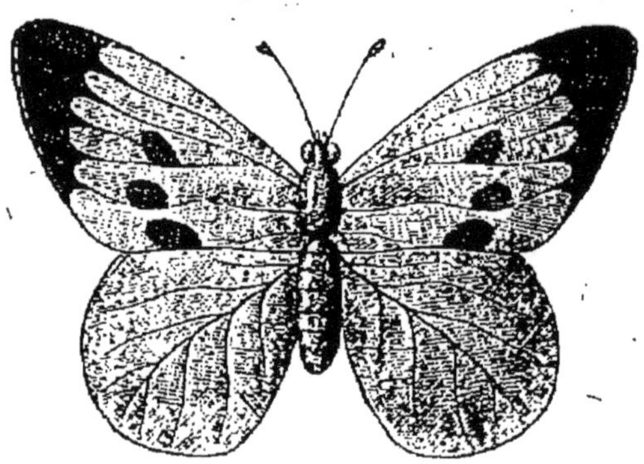

Fig. 141. — Piéride du chou.

s'empare le lendemain en retirant brusquement le filet. La *forficule*, encore appelée perce-oreilles, mange les jeunes pousses des plantes ainsi que les meilleurs fruits. Quelques pots à fleurs étant remplis de mousse, on les renverse sur des piquets auprès des plantes à préserver ; les forficules, qui aiment l'obscurité, se réfugient dans ces

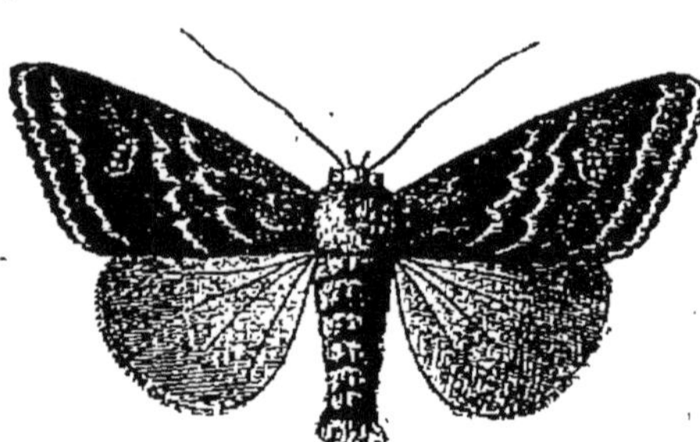

Fig. 142. — Noctuelle du chou.

pots et on les tue tous les matins. Le *criquet voyageur*

Fig. 143. — Courtilière.

ou sauterelle voyageuse produit des dégâts immenses en Afrique et apparaît quelquefois dans le midi de la

France. Les grandes *sauterelles vertes* sont trop peu nombreuses dans nos régions pour y causer des dégâts appréciables.

4° Insectes nuisibles aux arbres fruitiers. — Les hannetons rongent les feuilles des arbres fruitiers ; on doit tout faire pour les détruire.

Quelques charançons causent

Fig. 144. — Apion du pommier.

Fig. 145. — Anthonome du poirier.

Fig. 146. — Scolyte du prunier ; morceau d'écorce d'arbre sculpté par les scolytes.

des dégâts sérieux, ce sont : le *rhynchite conique*, encore appelé coupe-bourgeon ou lisette, qui est d'un bleu brillant et qui coupe en partie les jeunes rameaux des espèces à pepins ; il faut jeter au feu les extrémités de branches flétries, car elles renferment la larve de l'insecte. L'*apion du pommier* (fig. 144), d'un bleu

Fig. 147. — Larve du balanin de la noisette.

Fig. 148. — Balanin de la noisette.

foncé, pond dans la fleur du pommier ; celle-ci est bientôt mangée par la larve. L'*anthonome du poirier* (fig. 145), de couleur noirâtre, dépose des œufs dans les boutons à fruit, qui ne tardent pas à se dessécher et que l'on doit recueillir pour les jeter au feu. La larve du *balanin des noisettes* ronge l'intérieur du fruit auquel il s'attaque (fig. 147 et 148).

La *cétoine ponctuée* se nourrit quelquefois des fleurs du poirier; il faut lui faire une chasse active. Un autre petit coléoptère, le *scolyte*, attaque le prunier, le poirier et surtout le pommier: il creuse, sous l'écorce, des galeries par lesquelles la sève s'échappe (fig. 146).

Nous trouvons un certain nombre d'insectes nuisibles

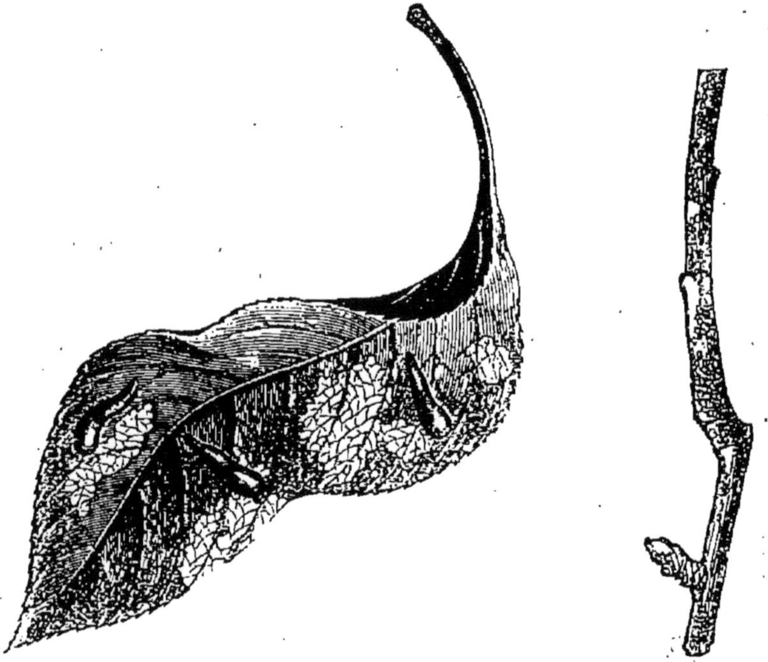

Fig. 149. — Tenthrède limace (larve).   Fig. 150. — Petit kermès du poirier et du pommier.

dont la conformation se rapproche de celle des abeilles. Ce sont les *guêpes* qui mangent nos meilleurs fruits. On s'en débarrassera en versant le soir, dans leurs nids, de l'eau mêlée d'un peu de sulfure de carbone. On suspendra auprès des fruits des fioles à larges goulots contenant de l'eau miellée; les guêpes viendront s'y noyer. Les *fourmis* rongent l'extrémité des écussons qui commencent à se développer; elles laissent aussi échapper un acide brûlant qui nuit aux végétaux. On les détruit en versant sur la fourmilière 5 ou 6 litres d'eau additionnée d'un peu de pétrole. Les fourmis isolées seront attirées dans des pots à fleur contenant de la mélasse. La larve de la *tenthrède limace* (fig. 149) ronge le paren-

Fig. 151. — Ponte du bombyx livrée.

Fig. 152. — Bombyx livrée.

Fig. 153. — Pyrale des poires.

chyme des feuilles de poirier et de cerisier. Il faut écraser toutes les larves à la main.

Les pucerons sucent la sève des jeunes rameaux et sécrètent une humeur sucrée qui attire les fourmis. Laver avec de l'eau de savon noir les branches attaquées ou projeter à leur surface, au moyen d'un pulvérisateur, du jus de tabac étendu d'eau. Le *puceron lanigère*, qui vit sur le pommier, se couvre d'un duvet blanc. Frotter les branches couvertes de pucerons avec un tampon imbibé d'huile. Les *kermès* sont une espèce de très petites punaises (fig. 150) qui se collent sur les branches des arbres fruitiers et les épuisent. En hiver on racle les parties couvertes de

Fig. 154. — Ortalide des cerises.

kermès, puis on les badigeonne avec du jus de tabac additionné de chaux.

Un grand nombre de chenilles de papillon mangent les feuilles de nos arbres fruitiers; il faut, en février et mars, enlever, pour les brûler, les bourses, les toiles, et en général tous les œufs d'insectes. Le *bombyx livrée* (fig. 151-152) est une des espèces les plus répandues. On trouve ses œufs disposés en anneaux autour des branches. Les *pyrales* (fig. 153) pondent leurs œufs sur les jeunes fruits, qui ne tardent pas à devenir véreux et tombent avant la maturité. Les ramasser et les jeter au feu.

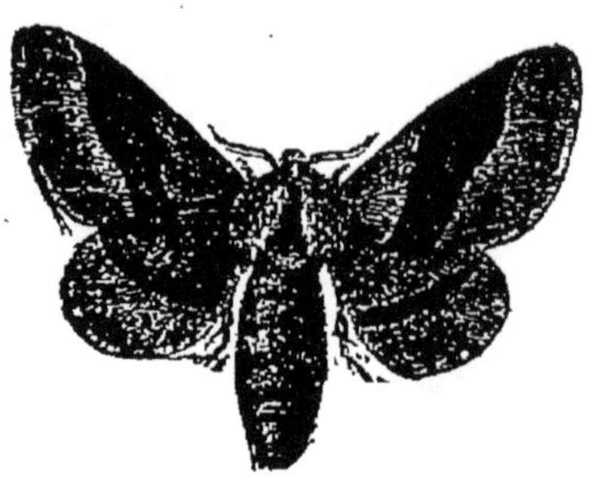

Fig. 155. — Bombyx processionnaire.

L'*ortalide* est une mouche (fig. 154) dont la larve se développe dans les cerises, surtout dans les guignes et les bigarreaux.

5° Insectes nuisibles aux arbres forestiers. — Nous ci-

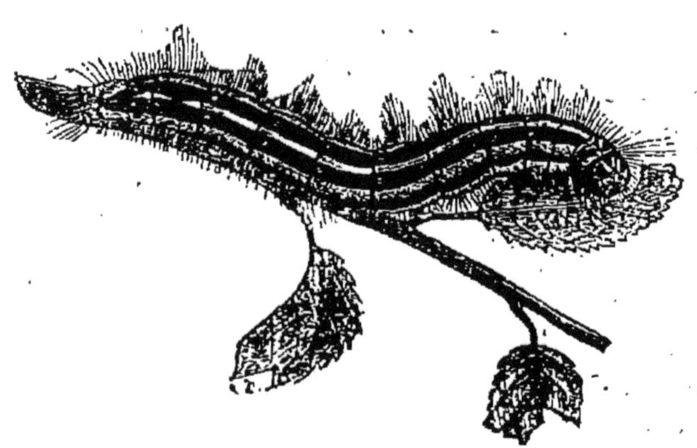

Fig. 156. — Chenille du bombyx livrée.

terons le *scolyte destructeur* qui produit sur les ormes les mêmes dégâts que le scolyte du prunier. Les *bostriches* sont aussi de petits coléoptères qui causent les plus grands ravages dans les forêts de pins en creusant des galeries sous l'écorce.

Fig. 157. — Tique.

Les chenilles des *bombyx processionnaires* (fig. 155) vivent en société sur le chêne et sur le pin. Les larves très grosses du *cossus gâte-bois* creusent de nombreuses galeries dans les troncs de chênes, d'ormes, de peupliers, de saules.

6° Insectes parasites des animaux domestiques. —

Les *tiques* ou *ricins* (fig. 157) vivent sur les chiens, les

Fig. 158. — OEstre
du cheval (larve).

Fig. 159. — OEstre
du cheval.

Fig. 160. — Hypoderme
du bœuf.

bœufs, etc. Lorsqu'ils sont nombreux, on emploie pour les détruire l'onguent gris, l'huile ordinaire et l'essence de térébenthine. Pour se débarrasser des *mouches*, quelquefois si nombreuses dans nos fermes, on fait bouillir, pendant dix minutes, quelques grammes de rognures de bois de quassier amer que l'on sucre et que l'on dépose dans une assiette. Cette liqueur qui tue les mouches est d'ailleurs sans danger pour l'homme.

Les *taons* incommodent les animaux par leurs piqûres. Les larves de l'*œstre du cheval* (fig. 158-159)

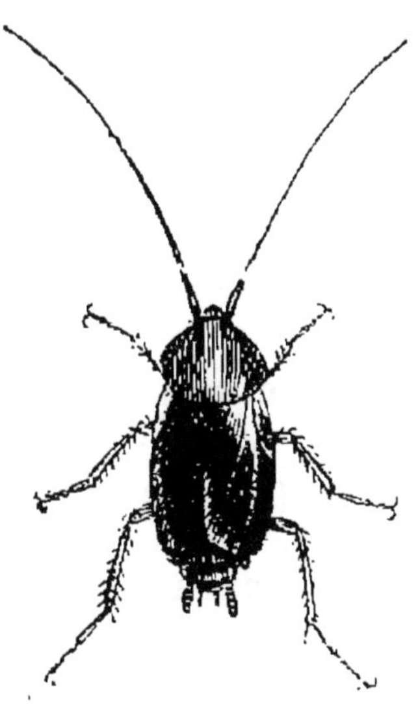

Fig. 161. — Blatte.

Fig. 162. — Teigne des tapisseries.

se développent dans l'estomac de cet animal ; celles de l'*œstre du mouton* dans les fosses nasales du mouton. Les larves d'*hypodermes* (fig. 160) vivent sous la peau des jeunes vaches et provoquent la formation de tumeurs purulentes sur le corps de ces animaux.

7° Insectes nuisibles à l'économie domestique. — Les *blattes* (fig. 161) sont facilement chassées des cuisines par les soins de propreté. Les larves de *teignes* (fig. 162), improprement appelées mites, rongent les étoffes de laine, les crins, les pelleteries. Secouer souvent les vêtements ; les envelopper en été, après les avoir saupoudrés de poivre et de camphre. Dans les jambons et les fromages on trouve souvent des vers engendrés par de petites mouches.

Les *vrillettes* sont de petits coléoptères qui perforent nos meubles d'une multitude de petits trous ; elles font quelquefois entendre un bruit comparable au tic-tac d'une montre, de là le nom d'horloges de la mort qu'on leur a donné. On recommande, pour les chasser, l'emploi de l'essence de térébenthine additionnée d'un dixième d'huile essentielle de laurier.

SERVICES RENDUS A L'AGRICULTURE PAR LES OISEAUX

Nous avons vu, en étudiant les insectes, qu'à l'égard d'un grand nombre nous n'avons aucun moyen pratique de destruction ; les oiseaux qui en font leur nourriture sont seuls capables de s'opposer à leur rapide multiplication.

Les **oiseaux de proie** ne se nourrissent que de petits animaux ; on les divise en *diurnes* et en *nocturnes*, selon qu'ils volent le jour ou la nuit. La plupart d'entre eux se nourrissent de rats, de mulots, de souris et nous rendent ainsi les meilleurs services ; de ce nombre sont la *buse*, la *bondrée* parmi les diurnes, et tous les nocturnes : *effraie* (fig. 163), *hibou*, *chouette*, *petit-duc*, à l'exception du *grand-duc*, heureusement rare dans notre pays. Le cultivateur qui attache ces oiseaux sur la porte de sa grange

Fig. 163. — Effraie.

fait donc preuve d'une grande ignorance. Les autres oiseaux de proie diurnes : faucons, autours, éperviers, etc., détruisent les oiseaux et sont nuisibles. Les petits oiseaux désignés sous le nom de **passereaux** : *martinets, hirondelles, gobe-mouches, bergeronnettes*, etc., etc., travaillent pour nous. Nous ne ferons d'exception que pour les pies et les geais, qui mangent les œufs et les petits des autres oiseaux et commettent des dégâts dans les jardins. Les *corbeaux* font la guerre à toutes les mauvaises larves ; la *corneille grise*

Fig. 164. — Musaraigne.

ou mantelée, qui n'habite notre pays que pendant la mauvaise saison, n'est pas considérée comme nuisible. Quelques passereaux tels que le *merle*, qui mange les cerises, le *moineau*, qui dérobe les graines des céréales

Fig. 165. — Hérisson.

semées trop près des habitations, nous font payer les services qu'ils nous rendent, mais leur bilan étant bien établi, on est obligé de reconnaître qu'ils sont plus utiles que nuisibles. Le *pic* doit être protégé dans les forêts.

A côté des oiseaux, nous pouvons ranger un certain nombre de **mammifères** utiles à l'agriculture : c'est la *chauve-souris*, la *musaraigne* (fig. 164) et le *hérisson* (fig. 165), qui ne se nourrissent que d'insectes, de limaces et de vers. La taupe est aussi un insectivore, malheureusement elle coupe la racine des plantes et bouleverse le sol en creusant des galeries : elle devient ainsi plus nuisible qu'utile, surtout dans les jardins.

La *martre*, la *fouine*, le *putois*, l'*hermine* et la *belette* causent de grands ravages dans les poulaillers et les pigeonniers ; il faut cependant reconnaître que les deux dernières se nourrissent principalement de rats, de mulots et de souris.

Les reptiles et les amphibies de notre pays, excepté les vipères, sont à conserver ; nous devons protéger les *lézards*, les *orvets* et les *couleuvres* ainsi que les *grenouilles*, les *crapauds*, les *salamandres* et les *tritons*. Tous ces animaux se nourrissent d'insectes, de larves, de limaces et de vers.

HORTICULTURE

Cerfeuil. — Les feuilles de cette plante sont employées comme assaisonnement (Voir sa culture et les suivantes, p. 214).

Les laitues et les **romaines** sont principalement employées en salades ; cependant on les consomme cuites quelquefois.

La romaine rouge est semée à l'automne et peut passer l'hiver dans une côtière abritée, à la condition que les froids ne soient pas trop intenses ; on la mange en mai.

Les romaines ne réussissent pas très bien pendant l'été, aussi on cesse généralement de les semer à la fin de mai ; les arrosages donnés pendant le jour tachent leurs feuilles.

La **chicorée-endive** est désignée simplement sous le nom d'endive dans notre pays ; elle est consommée en salade et elle forme, lorsqu'elle est cuite, un aliment sain. La chicorée fine d'été ne doit pas être cultivée à l'automne, car elle pourrit facilement.

Les chicorées et les scaroles doivent être liées par un temps sec ; pour en conserver pendant les gelées, on les transplante sur un lit de sable dans les caves.

On cultive la **chicorée sauvage** et aussi la *chicorée à café* pour manger les feuilles. Les racines sont transplantées à l'arrière-saison dans des caves obscures et produisent pendant l'hiver des feuilles étiolées qui sont consommées en salades sous le nom de *barbe-de-capucin*. On réussira pleinement si l'on plante les petites bottes de racines sur une petite couche établie dans la cave.

MALADIES DES ARBRES FRUITIERS

La **jaunisse** tire son nom de la couleur que prennent les feuilles de l'arbre malade ; elle attaque les arbres fruitiers plantés dans des terrains trop secs ou trop humides, on la remarque aussi dans les terrains à sous-sol de mauvaise nature. Le remède consiste dans le drainage et l'amélioration du sol jusqu'à la partie inférieure des racines. Le **brûle** est probablement une conséquence de la jaunisse ; les jeunes pousses roussissent puis noircissent sous l'influence du soleil ; il faudra, comme dans le cas précédent, améliorer le terrain.

Toutes les parties attaquées par les **chancres** seront retranchées à la serpette jusqu'au bois sain, puis on recouvrira de mastic à greffer.

Sur les arbres à fruits à noyaux, la sève sort quelquefois des vaisseaux, s'épaissit à la surface des branches et forme la **gomme** ; cette maladie affaiblit les arbres. On enlève la gomme par un temps humide, on frotte les plaies avec des feuilles d'oseille, on chaule les tiges et les principales branches au printemps, et on recouvre d'abris les tiges pendant les fortes chaleurs de l'été.

Lorsque le printemps est froid et humide, les feuilles du pêcher se crispent et se boursouflent ; pour prévenir cette maladie, qui porte le nom de **cloque**, on recommande l'emploi des abris; lorsque les arbres en sont atteints, il faut couper les feuilles malades.

Végétaux parasites des arbres fruitiers. — Le **gui** vit principalement sur les pommiers; on le coupe au pied dès qu'on s'aperçoit de sa présence. On enlève au moyen du racloir (fig. 166) les **mousses** et les **lichens**, ainsi que les écailles des vieilles écorces, et on badigeonne ensuite la tige et les branches des arbres avec un lait de chaux additionné de fleur de soufre.

Le **blanc** est une sorte de moisissure qui s'étend principalement sur les jeunes branches et les feuilles du pru-

Fig. 166. — Racloir.

nier, du pêcher et du rosier. On recommande de soufrer, c'est-à-dire de projeter de la fleur de soufre, vers le soir, par un temps calme. Le blanc atteint quelquefois les racines, on les dégage, on les traite également par la fleur de soufre et on renouvelle la terre. C'est aussi la fleur de soufre qui est employée pour détruire l'**oïdium Tuckeri**, petit champignon qui attaque les feuilles de la vigne et le raisin. On soufre plusieurs fois : 1° lorsque les bourgeons se développent, 2° lorsque la vigne fleurit, 3° lorsque le raisin commence à grossir.

Destruction des animaux nuisibles aux arbres fruitiers. — Les *lièvres* et les *lapins* se réfugient en hiver dans les jardins et rongent l'écorce des arbres; on les prend au lacet; par mesure de précaution, on peut entourer le pied des arbres d'une corde de paille ou le badigeonner avec du goudron végétal et non avec du goudron de houille. Les **loirs** et les **lérots** mangent les fruits dans les jardins; les souris, les mulots et les rats les mangent dans le fruitier; on les prend au piège ou on les empoisonne avec des pâtes phosphorées.

Les **escargots** et les **limaces** se nourrissent de feuilles et de fruits; on leur fait directement la chasse. Nous avons parlé, page 229, des *Insectes nuisibles aux arbres fruitiers.*

JUILLET

AGRICULTURE. — Instruments servant à couper et à transporter les récoltes : faux, sape, moissonneuse, faucheuse, faneuse, râteau à cheval, tombereau, chariot. — Récolte des céréales. — Le trèfle incarnat se sème du 15 août au 15 septembre.

HORTICULTURE. — Navets. — Fraisiers. — Porte-graines ; récolte et conservation des graines. — Culture, récolte et usages de quelques plantes médicinales. — De la cueillette des fruits et de leur conservation.

AGRICULTURE

INSTRUMENTS SERVANT A COUPER ET A TRANSPORTER LES RÉCOLTES

La faux (fig. 167) est un excellent instrument pour couper les céréales, les plantes des prairies artificielles et les herbes des prés ; elle demande à être maniée par un bon ouvrier. Pour couper les céréales à tiges élevées et résistantes comme le blé, on *fauche en dedans* ; les tiges coupées s'appuient sur la moisson ; un aide qui suit le moissonneur les recueille avec une faucille ou un crochet et les dispose en javelles. Pour les céréales à tiges basses et flexibles comme l'avoine, on *fauche en dehors*, et alors les tiges coupées sont couchées immédiatement sur le sol et forment des lignes régulières appelées andains. Un moissonneur peut aisément faucher 60 ares de récolte par jour.

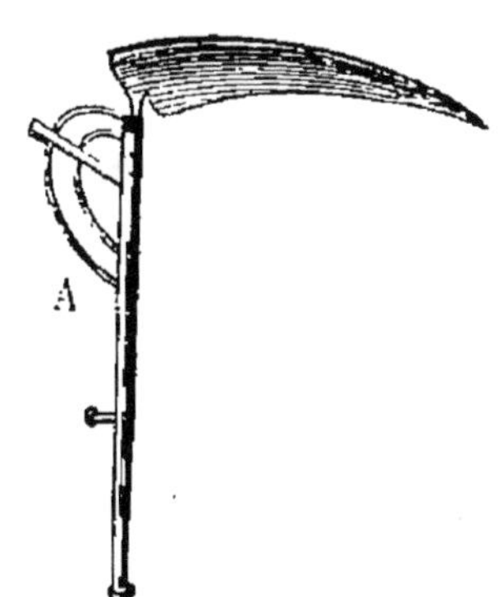

Fig. 167. — Faux munie d'un ployon A.

La sape (fig. 169) est souvent préférée dans notre pays pour faire la récolte des céréales. Son emploi est moins fatigant que celui de la faux, ne nécessite pas le secours d'un aide et permet de couper les céréales versées. Pour opérer avec la sape, l'ouvrier a dans la main gauche un crochet (fig. 168) avec lequel il maintient les tiges qu'il tranche avec la sape tenue de la main droite. Dans ce cas, comme lorsqu'on se sert de la faux, les tiges coupées s'appuient sur les tiges encore droites. Par l'action combinée du crochet et de la sape, l'ouvrier les rassemble et en forme des javelles. Il peut en un jour faire la récolte de 35 à 40 ares de céréales.

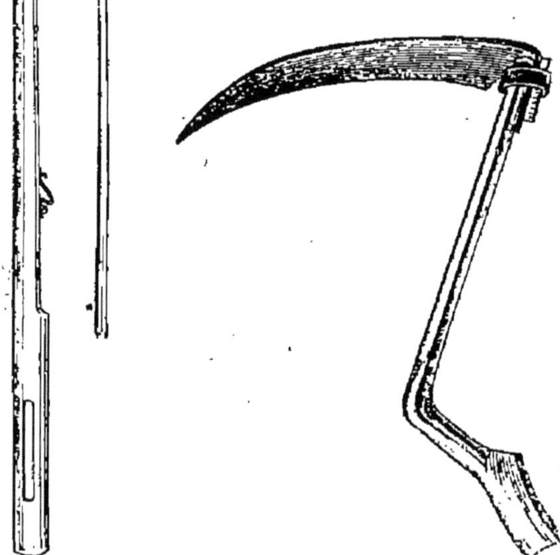

Fig. 168. — Crochet de la sape flamande.

Fig. 169. — Sape flamande.

La **moissonneuse** (fig. 170) remplace la sape et la faux dans les grandes exploitations; elle est traînée par deux chevaux, dirigée par un homme et peut couper de 4 à 5 hectares de céréales par jour; aussi rend-elle de grands services dans les années pluvieuses, ou lorsque les ouvriers font défaut.

Voici brièvement comment elle fonctionne. La plateforme que nous apercevons dans la figure 170 présente en avant de grandes dents à la base desquelles se trouve une scie que la rotation de la roue anime d'un vif mouvement de va-et-vient. Les dents pénètrent entre les tiges de céréales qu'elles empêchent de s'incliner à droite et à gauche pendant que la scie les tranche; les tiges coupées tombent alors sur la plate-forme, et les râteaux viennent successivement les rassembler et les faire tomber en javelles sur le côté de la moissonneuse.

La récolte des céréales se fait généralement avant la complète maturité, mais quand la graine doit servir de semence il faut attendre qu'elle soit parfaitement mûre. Coupé cinq ou six jours avant la maturité, le blé n'est pas sujet à l'égrenage, il est plus pesant et de meilleure qualité pour la mouture.

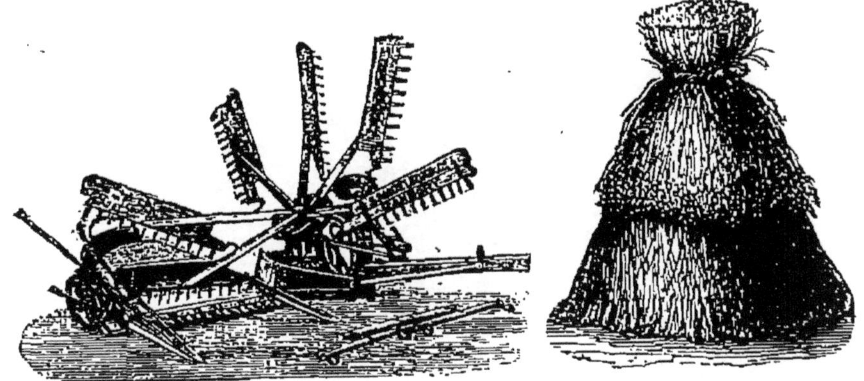

Fig. 170. — Moissonneuse Phénix.   Fig. 171. — Moyette à tiges droites.

On le laisse généralement en javelles pendant plusieurs jours ; le grain achève de mûrir et la paille se dessèche, ainsi que les mauvaises herbes qu'elle contient ; s'il survient des pluies prolongées, le grain perd de ses qualités et se trouve exposé à germer. On prévient ces accidents par l'usage des moyettes (fig. 171). Disposé comme l'indique la figure, le blé achève de mûrir dans de bonnes conditions et il ne craint plus l'humidité. Lorsqu'il est bien sec, on profite d'une belle journée pour le lier en gerbes et le rentrer dans la grange. On le met en meules lorsque les granges font défaut.

Les céréales sont transportées au moyen du **chariot**. Le chariot est plus lourd que la **charrette**, mais il verse moins facilement. Il est moins stable, mais aussi moins lourd à traîner, lorsque les roues de derrière sont rapprochées des roues de devant, de manière à porter les deux tiers environ de la charge.

Le **tombereau** est monté sur deux roues comme la charrette, mais il est plus court et peut basculer sur l'essieu pour être déchargé. On s'en sert pour le transport des terres, du fumier, des graines, des racines, etc.

La **faucheuse** (fig. 172) sert à couper les fourrages des prairies naturelles et des prairies artificielles; elle fonc-

Fig. 172. — Faucheuse favorite à deux chevaux.

tionne comme la moissonneuse dont elle diffère par l'absence de la plate-forme et des râteaux; les herbes coupées sont disposées en andains. Pour les faner il faut les répandre sur le sol, les retourner souvent, les mettre en tas le soir pour les éparpiller de nouveau le lende-

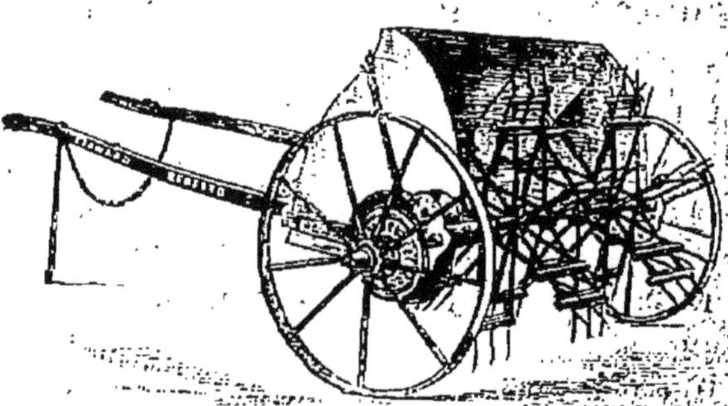

Fig. 173. — Faneuse Howard.

main. Le fanage s'exécute avec des fourches et des râteaux en bois; dans la grande culture on emploie la faneuse et le râteau à cheval.

La **faneuse** (fig. 173) retourne le foin et le répand sur toute la surface du champ ; le **râteau à cheval** (fig. 174)

Fig. 174. — Rateau à cheval.

le ramasse vers le soir. Lorsque l'opération du fanage est terminée le foin est rentré au fenil.

Le trèfle incarnat se sème du 15 août au 15 septembre.

Quand les boutons à fleurs se montrent, le trèfle incarnat est fauché pour être donné en vert aux bestiaux (Voir sa culture au tableau des prairies artificielles, page 170).

HORTICULTURE

Les **navets** jouent un rôle assez important dans les préparations culinaires. On peut les diviser en 1° **navets tendres**, ex. : *navet rond des Vertus* ou navet de Croissy, *navet long des Vertus Marteau, navet blanc plat hâtif;* 2° **navets demi-tendres**, ex. : *navet jaune boule d'or;* 3° **navets secs** très estimés pour les ragoûts lorsqu'ils sont jeunes, ex. : *navet de Fréneuse, navet de Meaux.*

On peut semer dès le mois de mars certaines variétés hâtives : navet blanc plat hâtif, navet long des Vertus Marteau ; on empêche les plants de monter par des arrosages répétés. Mais les navets qui doivent être conservés pendant l'hiver sont semés en juillet dans notre région: Voir leur culture au tableau des plantes à racines charnues, page 198.

Fraisier. — Plante vivace de la famille des rosacées. Ses fruits sont savoureux, on en fait des confitures et des sirops très recherchés.

On distingue les fraisiers à petits fruits et les fraisiers à gros fruits. Les fraisiers à petits fruits présentent l'avantage de fleurir pendant toute la belle saison ; c'est pourquoi on les appelle **fraisiers des quatre-saisons** ; on recherche surtout les fraises allongées et d'un rouge vif. Parmi les principales variétés de grosses fraises nous citerons la *fraise Marguerite Lebreton* et la *fraise Docteur Morère*.

Fig. 175. — Stolon coulant du fraisier.

Les fraisiers des quatre-saisons doivent être remplacés tous les deux ans et les fraisiers à gros fruits tous les quatre ans ; les uns et les autres se multiplient au moyen de coulants ou **stolons** (fig. 175). Le pied mère donne naissance à des rameaux ; ces rameaux portent des bourgeons qui produisent des racines et des feuilles et constituent ainsi les nouvelles plantes appelées coulants que l'on repique en octobre à 0^m,30 de distance. Les fraisiers des quatre-saisons ont encore l'avantage de pouvoir se reproduire fidèlement par les semis. Pour obtenir la semence on choisit les plus beaux fruits qu'on écrase dans un peu d'eau et on retire les graines que l'on fait sécher au soleil. On les sème en bon terrain, soit au commencement de juillet, soit en mars et avril, on les recouvre avec un peu de terreau et on maintient la terre fraîche au moyen de petits arrosages.

Le fraisier aime l'eau ; on répand un peu de terreau avant l'hiver ; au printemps on nettoie, on applique un paillis et on supprime les stolons.

Porte-graines ; récolte et conservation des graines.

Pour avoir de bonnes semences à sa disposition, il faut élever soi-même les *semenceaux* ou **porte-graines** ; on appelle ainsi les plantes choisies qu'on laisse fleurir et fructifier pour donner la semence. Mais on sait qu'au bout de quelques années la semence que l'on récolte soi-même produit des plantes dégénérées, il faut alors renouveler la semence et pour cela on en fait venir d'une autre localité. Les porte-graines peuvent être divisés en plusieurs catégories.

Les plantes annuelles donnent des graines l'année même de leur développement ; les premiers semis fournissent la meilleure semence, ex. : pois, haricot, fève, laitue, melon, cornichon, tétragone. On fait de bonne heure au printemps des semis de chicorée-endive et de radis pour porte-graines.

Un certain nombre de plantes annuelles sont semées tard en saison et ne donnent des graines que l'année suivante. De ce nombre sont la mâche, l'épinard, le persil et le cerfeuil.

Les plantes bisannuelles ne produisent des graines que la seconde année de leur existence. Pendant l'hiver les unes, comme le poireau, se conservent sans abri dans le jardin ; d'autres comme les choux et le céleri demandent à être protégées contre les gelées ; enfin, les tubercules et les racines : pomme de terre, carotte, betterave, navet, panais, salsifis, scorsonère, se récoltent à l'automne ; on coupe les fanes sans enlever le collet, on les conserve en cave, quelquefois dans le sable, et on les plante au printemps. On évite de rapprocher les variétés appartenant à une même espèce comme les différentes variétés de navets, ou des espèces très voisines comme les navets, les radis et les choux. On empêche ainsi les croisements qui altèrent la pureté des plantes. L'oignon, l'échalote et l'ail sont récoltés en août et septembre, conservés en lieu sec, à l'abri de la gelée en hiver, et plantés au printemps.

Le terrain dans lequel on cultive les porte-graines doit être en bon état et entretenu propre et meuble par des binages. Bien souvent on pince les tiges sur les premières fleurs, ce qui a pour effet d'améliorer la qualité de la graine. Les graines doivent être récoltées lorsqu'elles sont complètement mûres ; on les conserve mieux en les laissant dans leurs enveloppes sèches : gousses pour les pois et les haricots, ombelles pour les poireaux, les oignons, etc.

CULTURE, RÉCOLTE ET USAGE DE QUELQUES PLANTES MÉDICINALES

Il n'est pas toujours facile de se procurer des remèdes au village ; les pharmacies n'y sont pas communes et bien souvent du reste les ouvriers reculent devant l'achat coûteux de certains produits pharmaceutiques. La connaissance et la culture des meilleures plantes médicinales apporteraient un soulagement à bien des souffrances et, en permettant de soigner les indispositions, elles éviteraient fréquemment les maladies. Les médecins expérimentés savent du reste utiliser les produits de l'herboristerie du pays.

Nous citerons ici quelques plantes médicinales ayant des propriétés bien caractérisées et reconnues par les hommes compétents. Un grand nombre d'entre elles croissent spontanément dans les champs, dans les fossés, sur les bords des chemins, etc., il va sans dire qu'il sera inutile de les cultiver dans le jardin.

L'angélique est excitante, stomachique et sudorifique. On emploie en infusion les racines et les graines, ou les jeunes tiges quand elles sont fraîches.

L'armoise absinthe est utile comme fébrifuge surtout dans les régions marécageuses.

Les fleurs et les feuilles de *bourrache* sont employées comme dépuratives.

Les capitules séchés de *camomille romaine* sont surtout employés en infusion dans les indigestions, les migraines, et pour favoriser l'action des vomitifs.

Les bains de camomille sont excellents pour les enfants débiles et scrofuleux.

La racine de la *carotte* est employée avec succès dans l'aphonie (perte de la voix) et la toux opiniâtre. On fait cuire dans l'eau deux ou trois carottes rouges pendant un quart d'heure; on les râpe et on exprime le jus auquel on ajoute deux verres d'eau par verre de suc extrait. Cette dose se prend tiède dans la journée.

Les queues de *cerises* sont diurétiques; avec le fruit on fait un sirop rafraîchissant pour les malades.

La décoction des feuilles sèches de *chicorée* ou de la racine est employée pour combattre les maladies de la peau.

On fait avec les racines du *chiendent* une tisane rafraîchissante, adoucissante et diurétique.

On fait avec le fruit du *cognassier* un sirop astringent employé contre la diarrhée des petits enfants.

L'infusion des pétales de *coquelicot* est employée comme sudorifique et calmant dans le catarrhe et la coqueluche.

Le *cresson alénois* ou de terre est antiscorbutique.

Le *cochléaria officinal* est l'antiscorbutique par excellence.

Le *cresson de fontaine* est un excellent antiscorbutique. Il a été employé avec succès dans beaucoup de maladies cutanées.

La racine et quelquefois la tige de la *fumeterre officinale* sert de dépuratif dans les maladies de la peau.

La *guimauve officinale* est une excellente plante dont les racines ainsi que les feuilles sont émollientes et adoucissantes; les racines et les fleurs servent à faire des tisanes pectorales.

La *grande mauve* et la *petite mauve* remplacent la guimauve officinale.

Les cônes du *houblon* employés en infusions sont regardés comme un tonique amer qui relève l'appétit et purifie le sang.

Les pétales de la fleur du *lis blanc* macérés dans l'huile d'olive sont employés comme émollients sur les furoncles, les engelures, les panaris et les brûlures.

La *mélisse officinale* est employée en infusions comme sudorifique, cordiale et excitante.

La *menthe poivrée*, en infusion dans la proportion de 10 grammes par litre d'eau, est la meilleure des labiées pour combattre les douleurs d'estomac et aider les digestions difficiles.

La *mercuriale annuelle* sert à composer des lavements laxatifs.

Les fleurs de la *molène médicinale* ou bouillon-blanc sont employées en infusion contre la toux ; il faut avoir soin de filtrer pour retirer les poils.

La graine de *moutarde noire* sert à la fabrication des cataplasmes irritants appelés sinapismes.

Les *mûres* noires sont acides et astringentes ; on en fait des confitures et des sirops.

La décoction des feuilles de *noyer* est employée extérieurement en lotion, en gargarisme ou en bains pour les maladies scrofuleuses, engorgements, ulcères et inflammation des paupières.

La racine de *patience* est employée en décoction pour les maladies de la peau.

La *pomme de terre* crue et râpée est un excellent remède pour les brûlures.

Les fruits du *prunier* sont laxatifs surtout à l'état de pruneaux cuits.

La racine de *réglisse* est rafraîchissante, adoucissante et diurétique.

Les racines de *rhubarbe* pelées, coupées en morceaux et séchées à l'ombre, forment un purgatif doux et fortifiant ; on les emploie à la dose de 4 ou 5 grammes en poudre ou en infusion. Les pétioles de *rhubarbe groseille* servent à faire une excellente confiture. La rhubarbe se multiplie au moyen d'éclats de vieux pieds.

Les tiges et les feuilles de *ronce*, en décoction concentrée et miellée, donnent un bon gargarisme astringent pour les maux de gorge et les maladies des gencives.

La *sauge officinale*, en infusion à raison de 4 à 8 grammes par 500 grammes d'eau, est utile contre les faiblesses d'estomac.

L'infusion des fleurs sèches de *sureau* est un sudorifique d'un emploi vulgaire.

L'infusion des fleurs de *tilleul* est d'un usage familier dans la migraine, les vomissements, les indigestions.

Les pétales de *violette odorante* sont employés en infusions dans les bronchites et les catarrhes.

Récolte et conservation des plantes médicinales. — Les racines des plantes annuelles se récoltent sur la fin de la floraison, celles des plantes bisannuelles à l'automne, et celles des plantes vivaces au printemps ; on les nettoie sans les laver, puis on les fait sécher.

Les feuilles et les tiges sont récoltées au moment où la plante commence à fleurir, et les fleurs dès qu'elles sont ouvertes ; on les fait sécher à l'ombre ou dans un grenier, puis on les conserve dans des boîtes fermées. Il est bon de renouveler la petite provision tous les ans, car les plantes perdent avec le temps beaucoup de leurs vertus.

DE LA CUEILLETTE DES FRUITS ET DE LEUR CONSERVATION

Les fruits d'été, abricots, pêches, cerises, prunes et poires précoces, se récoltent lorsqu'ils sont mûrs, ce que l'on constate à la couleur et à l'état de la chair qui cède sous la pression du pouce. Il est plus difficile de préciser le moment où l'on doit faire la cueillette des fruits de garde. Si on les cueille trop tôt, les fruits se rident et manquent de saveur ; si on les cueille trop tard, ils se conservent moins longtemps, leur chair devient farineuse et perd son goût.

On peut dire qu'en général on récolte les fruits d'automne en septembre et les fruits d'hiver en octobre, quand on s'aperçoit qu'en soulevant le fruit il se détache

facilement; on opère par un temps sec après l'évaporation de la rosée ; les fruits sont déposés doucement
dans des paniers peu profonds et garnis de foin, on évite
ainsi les coups qui détermineraient la pourriture, et on
transporte la récolte au fruitier. Le fruitier sera une
pièce exposée au nord, autant que possible, ayant une
température régulière, peu élevée et exempte de gelée
en hiver, on choisit ordinairement une cave sèche assez
peu éclairée. Les fruits y sont déposés sur des rayons,
de manière qu'ils ne se touchent pas; de temps en temps
on les visite et on enlève ceux qui sont gâtés; on renouvelle l'air par un temps sec.

Conservation des raisins. — Elle se fait dans le fruitier.
Les raisins que l'on désire conserver sont choisis parmi
les grappes qui ont subi le cisellement et sont récoltés vers

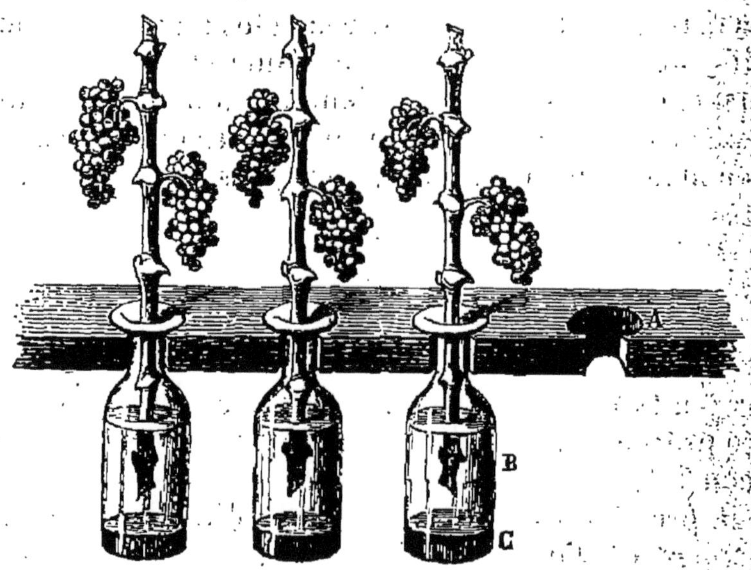

Fig. 176. — Conservation des raisins à rafle fraîche. Râtelier simple.

la fin d'octobre par un temps sec. On enlève les grains
altérés et l'on dépose les grappes sur un lit de paille de
seigle : c'est ce qu'on appelle la conservation à *rafle
sèche*. Dans la conservation à *rafle fraîche* le raisin ne se

ride pas. Dans ce cas les sarments qui portent les grappes sont coupés avec trois yeux au-dessous de la grappe et deux yeux au-dessus; les feuilles étant retranchées, on introduit la base du sarment dans un bocal contenant environ 130 grammes d'eau B (fig. 176) dans laquelle on jette, pour prévenir la corruption, une cuillerée de charbon de bois en poudre C. On visite ces raisins tous les huit jours pour supprimer les grains altérés.

TRAVAUX A EXÉCUTER DANS CHAQUE MOIS

Octobre. — Visite à la ferme pour étudier les instruments aratoires. — Récolte et conservation des graines. (Elle a lieu principalement en août et septembre.) — Semer les plantes étudiées dans le mois ainsi que le cerfeuil et les épinards. — Multiplier les fraisiers et repiquer les oignons blancs et les choux cœur-de-bœuf et d'York. — Récolte et conservation des fruits. — Visite à une sucrerie et à une distillerie.

Novembre. — Application des fumiers. — Formation du terreau. — Labourage. — Couvrir les plantes sensibles à la gelée. — Butter les artichauts. — Fumer les asperges. — Couvrir de litière céleri, chicorée, scarole. — Planter les arbres fruitiers.

Décembre. — Visite d'écuries, d'étables et de basses-cours bien tenues. — On étudiera aussi chez le cultivateur les instruments qui servent à la préparation des aliments. Visite aux laiteries et aux fromageries. — Enfouir le fumier lorsque le temps le permet. — Tailler les arbres fruitiers faibles lorsqu'il ne gèle pas. — Tondre les haies. — Continuer les plantations.

Janvier. — Etudier la batteuse mécanique, le tarare, les trieurs chez le cultivateur. — Lorsque le temps est doux, transporter le fumier et labourer les carrés. — Continuer la plantation des arbres fruitiers.

Février. — Semer pepins et noyaux. — Transplantation des plans déjà obtenus. — Formation des marcottes et des boutures. — Soins à donner aux arbres malades. —

Taille et palissage des arbres fruitiers. — Échenillage. — Enlever les mousses, les lichens sur les troncs et les branches des arbres que l'on blanchit ensuite au lait de chaux. — Extirper le gui sur les pommiers. — Fumures de certains arbres fruitiers.

Mars. — Semer les plantes citées plus haut. — Rouler. — Découvrir les artichauts. — Nettoyer les allées. — Planter les bordures. — Multiplier certaines plantes vivaces au moyen d'éclats. — Greffes en fente.

Avril. — Planter les griffes d'asperge. — Semer les plantes potagères citées plus haut. — Semer sur couche les fleurs annuelles. — Supprimer les fleurs trop nombreuses sur les arbres fruitiers. — Employer les abris. — Terminer la taille par les arbres vigoureux. — Ébourgeonner. — Greffer en couronne.

Mai. — Arroser les plantes potagères. — Semer les légumes étudiés pendant le mois. — Semer en pleine terre les fleurs bisannuelles et vivaces. — Faire les boutures de fuchsia. — Pincer et ébourgeonner les arbres fruitiers. — Ces opérations doivent être continuées pendant les mois suivants.

Juin. — Visiter quelques champs irrigués. — Transplanter certaines plantes potagères. — Biner, sarcler, butter. — Récolter les légumes. — Supprimer les fruits trop nombreux sur les arbres fruitiers. — Arroser certains arbres fruitiers. — Détruire les insectes nuisibles et les plantes parasites qui attaquent les arbres fruitiers.

Juillet. — Dans une excursion on verra fonctionner les instruments servant à couper et à transporter les récoltes. — Semer, arroser, biner, sarcler. — Récolter les fruits et légumes. — Faire les boutures de pélargonium à feuilles zonées. — Marcotter les œillets. — Écussonner le rosier.

FIN.

TABLE DES MATIÈRES

PAR ORDRE MÉTHODIQUE

AGRICULTURE

ZOOTECHNIE

FIN DE LA TABLE MÉTHODIQUE.

2484-88.   CORBEIL. Imprimerie CRÉTÉ.

A LA MÊME LIBRAIRIE

GRAMMAIRE PRATIQUE
DE LA
LANGUE FRANÇAISE
PAR
Frédéric BATAILLE
Ancien instituteur public, officier d'Académie
Chargé d'une classe primaire au Lycée Michelet

COURS ÉLÉMENTAIRE, contenant 159 dictées littéraires extraites d[es]
meilleurs auteurs et 760 exercices de langue et d'orthogr[aphe],
précédé d'une lettre de M. Michel Bréal, membre de l'Inst[itut].
1 vol. in-12, cart ....

COURS MOYEN, contenant 118 dictées littéraires extraites des au[teurs]
classiques et contemporains et 685 exercices de langue et d'ortho-
graphe, en collaboration avec M. Henri Ragot, inspecteur [de]
l'instruction primaire à Lyon. 1 vol. in-12, cart .... 1 fr.

TEXTE-ATLAS
ÉTABLI CONFORMÉMENT
AU PLAN D'ÉTUDES POUR L'ENSEIGNEMENT PRIMAIRE
Par M. DUBAIL, officier d'Académie.

COURS ÉLÉMENTAIRE, préparation à l'étude de la Géographie.
Représentation cartographique. — Géographie locale. — Géographie générale. — Abrégé de la Géographie de la France et [de]
ses colonies. 1 vol. oblong, avec 59 cartes et fig. en noir [et en]
couleur, cart ....
Le livre du maître ....

COURS MOYEN. **La France**, précédé de la révision du *Cours élémen-*
taire et contenant en outre la Géographie détaillée de la Fran[ce]
et celle des cinq parties du monde. 1 vol. in-4 sur 3 colonnes,
avec 80 cartes et 25 fig., cart ....
Le livre du maître .... 1 fr.

COURS SUPÉRIEUR. **Les Cinq parties du Monde**, précédées de notions
de Géologie et de la Géographie de la France. 1 vol. in-[4]
2 col., avec 56 cartes en couleur et 32 croquis, cart .... 4 f[r].

ABRÉGÉ DE L'HISTOIRE DE LA CIVILISATION
DEPUIS LES TEMPS LES PLUS RECULÉS JUSQU'À NOS JOURS
Par Ch. SEIGNOBOS, docteur ès lettres.
1 vol. in-12, avec nombreuses fig., cartonné toilé ....

CORBEIL. Imprimerie CRÉTÉ.

BIBLIOTHEQUE NATIONALE DE FRANCE

3 7531 017398883 6

www.ingramcontent.com/pod-product-compliance
Ingram Content Group UK Ltd.
Pitfield, Milton Keynes, MK11 3LW, UK
UKHW021920070726
13614UKWH00001B/159